锐扬图书 编

实用 高效 精准 新潮

家居装修实用指南
装饰材料

海峡出版发行集团
THE STRAITS PUBLISHING & DISTRIBUTING GROUP | 福建科学技术出版社
FUJIAN SCIENCE & TECHNOLOGY PUBLISHING HOUSE

图书在版编目（CIP）数据

家居装修实用指南.装饰材料/锐扬图书编.—福
州：福建科学技术出版社，2019.9
ISBN 978-7-5335-5957-1

Ⅰ.①家… Ⅱ.①锐… Ⅲ.①住宅—室内装饰设计—
指南②住宅—室内装修—装饰材料—指南 Ⅳ.
① TU241-62 ② TU56-62

中国版本图书馆 CIP 数据核字（2019）第 165665 号

书　　名	家居装修实用指南　装饰材料
编　　者	锐扬图书
出版发行	福建科学技术出版社
社　　址	福州市东水路76号（邮编350001）
网　　址	www.fjstp.com
经　　销	福建新华发行（集团）有限责任公司
印　　刷	福州德安彩色印刷有限公司
开　　本	787 毫米 ×1092 毫米　1/16
印　　张	14
图　　文	224 码
版　　次	2019 年 9 月第 1 版
印　　次	2019 年 9 月第 1 次印刷
书　　号	ISBN 978-7-5335-5957-1
定　　价	75.00 元

书中如有印装质量问题，可直接向本社调换

第一章　壁纸类装饰材料

纸类建材俗称壁纸、墙纸，在现代家居生活中，纸类装饰材料可谓是多种多样，大致可分为纯纸壁纸、PVC（聚氯乙烯）壁纸、无纺布壁纸、金属壁纸、木纤维壁纸以及墙贴等。可以根据不同装饰风格及装修预算等进行选择。

纯纸壁纸

纯纸壁纸是以纸作为基材，经过印花后压花而成的壁纸。这种壁纸使用纯天然纸浆纤维，透气性好，并且吸水吸潮，是一种环保低碳的家装理想材料。

花色自然逼真的纯纸壁纸装饰的卧室墙面，给人呈现的视觉感温馨而舒适。

纯纸壁纸预览档案

	材质分类	材质特点	应 用	参考价格
原生木浆壁纸		以原生木浆为原材料，经打浆成形，表面印花而成；韧性比较好，表面光滑，重量比较重，色彩层次好，图案丰富	不适用于厨房、卫浴间等潮湿的空间内	200~600元/平方米
再生纸型壁纸		以可回收物为原材料，经打浆、过滤、净化处理而成；再生纸的韧性相对比较弱，表面多为发泡或半发泡型	不适用于厨房、卫浴间等潮湿的空间内	200~600元/平方米

本书列出的价格仅供参考，实际售价请以市场现况为准

›纯纸壁纸的优点

纯纸壁纸不含化学成分,主要以草、树皮为主料,具有施工方便、不易翘边、环保性能高、透气性强等特点,尤其是现代新型加强木浆壁纸更有耐擦洗、防静电、不吸尘的优点。纯纸壁纸的色彩层次丰富,图案清晰细腻。选用纯纸壁纸装饰墙面,应注意不要使用在空气环境潮湿的空间中,因为纯纸壁纸的收缩性较大,不耐水。

↑ 壁纸的花色及图案可以根据居室的装饰风格而定,以避免破坏室内装饰的协调感。

›纯纸壁纸的选购

在购买纯纸壁纸时,用手反复抚摸壁纸表面,如有粗糙的颗粒物,则表明其并不是真正的纯纸壁纸;还可以通过气味来辨别纯纸壁纸,好的纯纸壁纸会有一股淡淡的木浆味道,若存在异味或无味则非纯纸壁纸;纯纸壁纸具有良好的透水性,可以将几滴水滴在壁纸表面,观察水是否透过纸面。

充满现代感的壁纸图案,是居室装饰中的点睛之笔,营造的氛围很有时尚感。

无纺布壁纸

无纺布壁纸流行于法国，是一种新型家居装饰材料。采用天然植物纤维无纺工艺制成，色彩纯正，具有良好的透气性、柔韧性。

〉无纺布壁纸的辨别

无纺布壁纸可分为天然纤维无纺布壁纸与人造纤维无纺布壁纸两种。天然纤维对人体没有伤害，而人造纤维由于添加了大量的化学添加剂，因此会对人体产生一定的危害。可以通过燃烧的方法来辨别所购买的无纺布壁纸的产品属性。天然环保的无纺布壁纸火焰明亮，没有异味；人造纤维的无纺布壁纸火焰颜色比较浅，在燃烧过程中会有刺鼻的气味产生。

↑ 素雅的壁纸色彩，搭配灯光，营造出一个恬静、温馨的卧室空间。

🎓 无纺布壁纸预览档案

分 类	材 质	优 点	参考价格
天然无纺布壁纸	由棉、麻等天然植物纤维制成	健康环保、防潮、透气、不助燃、易分解、质轻、柔韧性好、色彩丰富	500~1000元/平方米
混合无纺布壁纸	由涤纶、腈纶、尼龙等化学纤维与天然纤维混合而成	防潮、透气性好、不助燃、易分解、质轻、柔韧性好、色彩丰富、价格适中，缺点是安全程度相比天然无纺布壁纸较低	200~500元/平方米

本书列出的价格仅供参考，实际售价请以市场现况为准

木纤维壁纸

　　木纤维壁纸选用优质树种的天然纤维加工而成，有很强的抗拉伸、抗扯裂特性。它的使用寿命比普通壁纸长，家庭使用一般可保证15年左右的时间，堪称壁纸中的极品。

↑ 仿木纹图案的壁纸，可以为空间带来淳朴、自然的视感

〉木纤维壁纸的鉴别

　　1. 闻气味。木纤维壁纸有着淡淡的木香味，几乎闻不到其他异味，如有异味则非木纤维制作。

　　2. 用火烧。木纤维壁纸在燃烧时没有黑烟，燃烧后的灰尘也是白色的，如果冒黑烟、有异味，则有可能是PVC材质的壁纸。

　　3. 滴水试验。在壁纸背面滴上几滴水，看是否有水汽透过纸面，如果看不到，则说明这种壁纸不具备透气性能，绝不是木纤维壁纸。

　　4. 用水泡一下。把一小部分壁纸泡入水中，再用手指刮壁纸表面和背面，看其是否褪色或泡烂，真正的木纤维壁纸特别结实，并且因其染料为鲜花和亚麻中提炼出的纯天然物质，不会因为被水泡而脱色。

🎓 木纤维壁纸预览档案

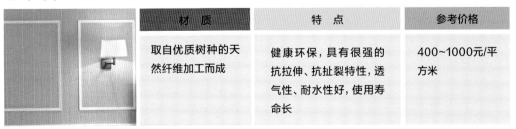

	材　质	特　点	参考价格
	取自优质树种的天然纤维加工而成	健康环保，具有很强的抗拉伸、抗扯裂特性，透气性、耐水性好，使用寿命长	400~1000元/平方米

本书列出的价格仅供参考，实际售价请以市场现况为准

金属壁纸

金属壁纸是将金、银、铜、锡、铝等金属经处理后，制成薄片贴于壁纸表面，金属壁纸的构成线条颇为粗犷奔放，质感强，装饰效果繁富典雅、高贵华丽。在普通家居装饰中不宜大面积使用，多作为点缀装饰。

〉金属壁纸的种类及运用

金属壁纸是最常见的仿金属质感的壁纸，有光面、拉丝以及压花等种类。此类壁纸由于装饰效果太过华丽，因此不太适合大面积用于家居空间中。而箔金壁纸采用部分印花的金箔材质，可根据居室风格进行适当的大面积运用。此外，冷色调的金属壁纸比较适用于后现代风格空间，而金色的金属壁纸则更适用于装饰古典欧式风格及东南亚风格居室。

◀ 金属壁纸更适合作为局部装饰使用，案例中在餐厅的顶部做局部装饰，再搭配灯光的效果，营造出一个十分华丽的空间氛围。

🎓 金属壁纸预览档案

材质特点	应用	参考价格
金属经特殊处理后，制成薄片贴饰于壁纸表面，具有金属的光泽和质感，装饰效果很强	适用于古典风格家居的墙面、吊顶点缀装饰	根据所添加的金属材质不同，价格浮动较大，通常为400~2000元/平方米

本书列出的价格仅供参考，实际售价请以市场现况为准

PVC壁纸

　　PVC壁纸是以聚氯乙烯为主要成分制成的壁纸。表面通过印花、压花或印花与压花的组合等工艺完成。由于壁纸的表面涂有一层PVC膜,防水性能相对普通壁纸更好,耐擦洗,易于清洁。

﹥PVC壁纸的养护

　　PVC壁纸的日常养护与清洁十分简单。如果PVC壁纸起泡,说明粘贴时涂胶不匀,PVC壁纸与墙面受力不均而产生内置气泡。处理时只需用针在气泡处刺破,用微湿的布将气泡赶出,再用针管取适量胶由针孔注入,最后抚平压实即可。如果PVC壁纸发霉,可用干净的抹布沾肥皂水轻轻擦拭发霉处或使用PVC壁纸除霉剂。如果PVC壁纸翘边,可取适量的胶抹在翘边处,将翘边抚平,用手压实粘牢,再用吹风机热风吹十几秒即可。

🎓 PVC壁纸预览档案

分　类	材　质	优　点	参考价格
发泡型PVC壁纸	以纯纸、无纺布、纺布等为基材,表面喷涂PVC树脂膜制造而成	经过发泡处理的壁纸立体感强,纹理逼真,透气性强、装饰效果好、吸声	300元/平方米
普通型PVC壁纸	以纸为基材,表面涂敷PVC树脂膜制造而成	花纹精致,防水防潮性好,经久耐用,易维护保养	150元/平方米

本书列出的价格仅供参考,实际售价请以市场现况为准

墙贴

墙贴是将现成的图案印制在不干胶贴纸表面的一种装饰性材料，施工简单。一般墙贴是用背面带胶的PVC（聚氯乙烯）材料加工制作的，是一种自己就可以轻松搞定的墙面装饰，不但简洁方便，而且随意性很强，装饰效果也非常直观，适合现代风格居室。

〉导气槽墙贴

导气槽墙贴是一种新型的环保高端墙贴，导气槽是指墙贴胶面上网格状的凹槽，贴墙贴时空气就会顺着这些凹槽排出，避免了墙贴出现气泡的问题。辨别墙贴是否具有导气槽功能，只要将墙贴和底纸分开，看看胶面上有没有细小的网格就可知晓。

〉墙贴的粘贴技巧

在粘贴墙贴时应先用抹布蘸一些清水或酒精，将墙面擦拭干净；再将墙贴粘贴于墙面。为了避免墙贴粘贴不理想，可先轻压稍微固定，观察整体比例与位置；确定位置后，再将其紧压固定。

🎓 墙贴预览档案

材　质	优　点	参考价格
PVC为主要材料	可以根据居室的功能、风格进行选择，装饰效果好，移除或更换方便，可操作性强	20~100元/组

本书列出的价格仅供参考，实际售价请以市场现况为准

实战应用案例

[壁纸的古典格调]

沙发墙面采用缠枝花纹壁纸作为装饰，典雅大方的花纹与木质面板、装饰画、沙发等元素在色彩上形成呼应，展现出美式风格的轻古典格调。

[条纹壁纸的律动感]

蓝白条纹壁纸装饰的墙面，为空间带来了不容忽视的律动感；蓝白色花纹的布艺抱枕、蓝色地毯与其形成色彩上的辉映，彰显了空间搭配的协调性。

[淳朴空间的清新感]

以大地色系为主要配色的客厅空间，宽大厚重的布艺沙发、弯腿的实木茶几、陈旧古朴的地砖，给客厅带来沉稳、厚重的视感；墙面白色印花壁纸的运用，有效地缓解了大量深色带来的沉闷感，也为淳朴的空间注入一份清新之感。

[光影下精致的壁纸纹理]

壁纸的精致花纹在灯光的映衬下显得清新而优雅，丝滑的质地显得更为突出；白色木质格栅增添了墙面设计的层次感，营造出的背景氛围带有一份清新华丽的美感。

[发泡壁纸带来的立体感]

发泡壁纸突出的纹理，让墙面的设计更有质感，搭配连续的拱门造型，彰显了地中海风格的装饰特点，幽暗沉稳的蓝色与米白色的搭配，明快中带有一丝暖意。

[护墙板与壁纸装饰的素雅墙面]

浅淡的灰蓝色壁纸与餐椅座套的颜色形成呼应,使用餐氛围显得十分恬静而温馨;白色护墙板的加入,装饰意味浓厚,与壁纸形成鲜明的对比,也使整个餐厅的氛围多了一份整洁与明快。

[金属壁纸的华丽气度]

顶面的金属壁纸在灯光的映衬下,显得更加华丽耀眼,为用餐空间提供了一个奢华的背景环境;古典家具、灯饰等软装元素,从细节上流露出古典美感,营造出浓浓的奢华气息。

[巧用壁纸图案丰富卧室墙面]

卧室的设计简洁大气,床头墙面的几何图案壁纸,为空间增添了活跃感,也弱化了空间装饰的单一感,深深浅浅的色彩及图案赋予空间极佳的层次感。

[温馨和谐的卧室]

客厅以奶白色为主,素雅恬静,淡米色花纹壁纸打破了白色的单一感,营造出高雅舒适的休息氛围。

[低调典雅的睡眠空间]

条纹壁纸的色调与床尾凳、床头柜、书柜等家具形成色彩上的呼应，营造出低调、典雅的空间氛围；白色护墙板与软包床，则为空间带来一份明快的视感。

[气质沉稳的卧室空间]

卧室以棕色为主色调，温馨而典雅，壁纸的颜色上浅下深，利用条纹和格子作为装饰图案，让设计简洁的墙面显得更有层次感；淡蓝色的布艺窗帘为典雅的空间增添了一份浪漫意味。

[高级灰的优雅与理性]

高级灰是现代装饰中表现质感的最佳颜色之一，卧室以浅灰色为主色调，沉稳大气；搭配深色调的实木家具，整个空间展现了独特的理性与优雅；浅茶色的壁纸在暖色灯光的衬托下，显得更有质感，基调更加柔和。

[色彩丰富的睡眠空间]

壁纸的图案迎合了空间生动、活泼的基调,翠绿的大树图案为空间增添了无限的生机与自然韵味;纯棉质地的床品色彩丰富,使睡眠空间温馨又带有一份华丽感,极富生活气息。

[唯美纯真的卧室氛围]

壁纸的花纹色彩十分柔和,与粉色调的布艺床品搭配色彩柔和统一;实木家具的金色雕花高贵而精致,展现出典雅的视感,暖色台灯的映衬下,空间呈现出温馨浪漫的气息。

[新古典主义的简洁与淡雅]

浅茶色壁纸装饰的墙面彰显出新古典主义风格的典雅气质，顶线与底线的搭配为书房造就出
一个简洁、淡雅的环境背景；黑漆饰面的家具上镶嵌着精致简洁的金色线条，彰显着古典主
义的优雅风范。

第二章　砖石类装饰材料

家庭装修中，砖石类装饰材料有众多种类，按照材料的材质特点可分为天然石材和人工石材，而不论是天然材质还是人工材质，还可以细分为室内装饰材料、室外装饰材料、地面装饰材料和墙面装饰材料等。

大理石

天然大理石的种类很多，主要以产地、颜色、花纹来命名。大理石的花色丰富、纹理美观、光滑细腻，被普遍用于居家空间，用来装饰墙壁、台面或地面等。

› 大理石的优点

大理石具有花纹品种繁多、色泽鲜艳的特点。颜色大致可分为白、黑、红、绿、咖啡、灰、黄等色系；其中变化最丰富的是黄色系，其色泽温和，很好地冲淡了石材的冰冷感觉。此外，大理石表面的纹理还会呈现分布不均、形状大小各异的纹理，常见的有云雾型、山水型、雪花型、螺纹型等。除了天然的颜色及纹理，大理石的切割工艺也会对大理石的装饰效果产生影响，令家居空间的装饰效果更多样化。

◀ 大理石装饰的电视背景墙，简洁通透，华丽而富有时尚感，很符合现代风格居室硬朗简洁的装饰风格。

🎓 大理石预览档案

分 类	特 点	常用规格（毫米）	产 地	参考价格
浅金峰大理石	以褐色为底色，带有金黄色线条，装饰效果强烈	45×300×600 45×300×300 45×200×400	土耳其	280元/平方米
新旧米黄大理石	花纹米黄色，层次感强，风格淡雅	45×300×600 45×300×300 45×200×400	意大利	400元/平方米
黑白根大理石	以黑色为底色，带有白色经络条纹	45×300×600 45×300×300 45×200×400	中国	300元/平方米
樱桃红大理石	呈酒红色樱桃色泽，风格强烈	45×300×600 45×300×300 45×200×400	土耳其	400元/平方米
啡网纹大理石	深、浅、金等几种颜色，纹理清晰，有一定的复古感	45×300×600 45×300×300 45×200×400	中国	500元/平方米
爵士白大理石	白底色上带有山水纹路，颜色素雅	45×300×600 45×300×300 45×200×400	中国	500元/平方米
安娜米黄大理石	以米色、米黄色为底色，带有米黄色网纹	45×300×600 45×300×300 45×200×400	西班牙	400元/平方米
银白龙大理石	黑、白、灰三色如水墨画一般层次分明	45×300×600 45×300×300 45×200×400	中国	400元/平方米
银狐大理石	颜色淡雅，吸水性好，不宜用于卫浴间	45×300×600 45×300×300 45×200×400	意大利	500元/平方米
中花白大理石	质地细密，以白色为底色，带有灰色山水纹路	45×300×600 45×300×300 45×200×400	中国	300元/平方米

本书列出的价格仅供参考，实际售价请以市场现况为准

洞石

洞石是一种天然石材，因表面多孔而得名。洞石的色调以米黄色居多，能使人感到温和，质感丰富，条纹清晰，能够营造出强烈的文化感和历史韵味。

〉洞石的优点

洞石的纹理清晰，质感温和而丰富。表面经过处理后疏密有致、凹凸和谐，有毛面、光面和复古面等不同款式。洞石的颜色有米白色、咖啡色、米黄色与红色等。此外，每一片洞石都可以依设计来进行大小或形状的切割，同时还可以根据纹路进行拼贴，例如对纹或不对纹的方式，都能营造出不一样的装饰效果。

〉洞石的日常维护

由于洞石的表面带有凹凸的洞孔，所以容易出现卡尘的现象，在日常维护中，不要用清洁剂进行清洗，以免清洁剂中的化学成分对天然石材造成伤害。用抹布蘸少量清水擦拭即可，对于洞孔中的灰尘，可以用吸尘器将其吸出，或者用刷子蘸清水刷一刷。

▲ 洞石装饰的沙发墙面，色泽温润，利用材质本身的质感，让简洁的墙面看起来更有层次。

🎓 **洞石预览档案**

	特　点	材　质	应　用	参考价格
	表面带有凹凸的天然洞孔，装饰效果自然淳朴	天然石材	多用于电视墙、沙发墙等居室主题墙的装饰	280元/平方米

文化石

文化石是以水泥掺砂石等材料灌入模具中制造而成的人造石材，色泽纹理可媲美天然石材的自然风貌，是营造室内外空间特色的常用装饰材料。

› 文化石的优点

相比天然石材，文化石的重量很轻，只有天然石材的1/2甚至1/3，并且价格较低，花色均匀，形态多变。例如木纹石、鹅卵石、风化石、层岩石等都属于文化石，能够为居室带来淳朴自然的美感。

文化石粗糙的饰面，让空间呈现的视感显得更质朴，更有厚重感。

＞文化石的运用

文化石给人自然、粗犷的感觉，外观种类很多，在乡村风格居室装饰中运用较多。多用于电视墙或沙发墙的装饰，颜色多以红色系、黄色系为主，图案则多为木纹石、乱片石、层岩石最为普遍。在现代风格居室中则多以黑白装饰的鹅卵石居多。

📖 文化石预览档案

分　类	特　点	应　用	参考价格
城堡石	表面颜色深浅不一，多为棕色、灰色，通常以大小不一或不规则形状排列	多用于主题墙壁的装饰	100~400元/平方米
层岩石	仿造层岩堆积的石片感，颜色有灰色、棕色、米白、灰白等，是最常见的一种文化石	多用于主题墙壁的装饰	100~400元/平方米
仿砖石	仿造砖头的质感与形状，多以不同色彩进行拼贴装饰，以红、橘、土黄、暗红、青灰等颜色居多	多用于乡村田园风格的壁炉装饰或主题墙面的装饰	150~300元/平方米
木纹石	表面仿木纹图样，如树皮或年轮图样，凹凸的表面立体感强，有棕色、灰色或藕色可选	只用于外墙或地面的装饰	300~600元/平方米
鹅卵石片	表面有平滑与粗糙两种，形状多以大小不一的椭圆形居多，有棕色、黑色、白色、米色等多种颜色可选	可作为主题墙面的拼贴装饰，也可摆放在地面的某个角落作为饰品	100~200元/平方米

本书列出的价格仅供参考，实际售价请以市场现况为准

马赛克

马赛克又称锦砖，属于瓷砖的一种。一般由数十块小块的砖组成。体形小巧，色彩斑斓，被广泛使用于装饰墙面、地面。

〉马赛克的常见规格

马赛克品种花色五花八门，不一而同。它是将各种不同规格的数块小瓷砖粘贴在牛皮纸或专用的尼龙丝网上拼接而成。单块规格一般为25毫米×25毫米、45毫米×45毫米、100毫米×100毫米、45毫米×95毫米或圆形、六角形等形状的小砖组合而成，单联的规格一般有285毫米×285毫米、300毫米×300毫米或318毫米×318毫米等。

陶瓷马赛克与玻璃马赛克结合运用，让装饰效果更华丽。

〉马赛克的常见种类

1.陶瓷马赛克。是一种工艺相对古老、传统的马赛克。有些陶瓷马赛克表面打磨和形成不规则边，造成岁月侵蚀的模样，以塑造历史感和自然感。陶瓷马赛克适用于卫生间瓷砖墙面的腰线；同时用各种颜色搭配拼贴成图案，镶在墙上可做画；铺于地面可起到地毯的装饰作用。

2.贝壳马赛克。是由纯天然的珍珠母贝壳：白碟贝、黑碟贝、黄碟贝、鲍鱼贝、牛耳贝、粉红贝等组成一个相对的大砖或（片）。表面晶莹、色彩斑斓，散发着来自大自然的气息，天然、环保，没有辐射、甲醛的污染，深受消费者青睐，被广泛应用于室内背景墙面及装饰画板、家具表面的装饰中。贝壳马赛克的吸水率低，相比其他产品更加持久耐用。

3.玻璃马赛克。又叫作玻璃锦砖或玻璃纸皮砖，是用高白度的平板玻璃，经过高温再加工，熔制成色彩艳丽的各种款式和规格的马赛克。玻璃马赛克耐腐蚀，不褪色，是最适合装饰卫浴房间墙面的装饰材料。

〉马赛克的选购

在挑选马赛克时，可以用两手捏住马赛克联一边的两角，使其直立，然后放平，反复三次，以不掉砖为合格品；或取马赛克联，先卷曲，然后伸平，反复三次，以不掉砖为合格品。另外还可从声音上进行鉴别，用一铁棒敲击产品，如果声音清脆，则没有缺陷；如果声音浑浊，则是不合格产品。

〉马赛克的施工流程

马赛克在施工前应确定施工面平整且干净，打上基准线后，再将马赛克中性黏合剂均匀涂抹于施工面上。同时要确保每块之间应留有适当的空隙。可以每贴完一块即以木条将马赛克压平，确定每处均压实且与黏合剂间充分结合。待黏合剂完全干透后，便可进行撕纸。最后用工具将马赛克水晶填缝剂或原打底黏合剂、白水泥等充分填满缝隙中。

← 将不同图案的马赛克拼贴在一起，所呈现的装饰效果别有几分韵味。

🎓 马赛克种类预览档案

分 类	特 点	应 用	参考价格
贝壳马赛克	表面晶莹，色彩斑斓，色泽多样，天然环保，无辐射污染，吸水率低，更加耐用	由于价格比较高，通常被小面积运用于室内墙面装饰或家具表面装饰	天然贝壳:4500元/平方米；人工养殖贝壳:500~700元/平方米
陶瓷马赛克	色彩、款式繁多	可用于墙面、地面、台面等装饰	80~500元/平方米
玻璃马赛克	健康环保，耐酸碱、耐腐蚀、不褪色，装饰效果极佳	多被用于卫浴间、厨房等潮湿的空间内	80~500元/平方米

本书列出的价格仅供参考，实际售价请以市场现况为准

皮纹砖

皮纹砖是仿动物原生态皮纹的瓷砖。皮纹砖克服了传统瓷砖坚硬、冰冷的材质特性，从视觉和触觉上可以体验到皮革的质感。皮纹砖有着皮革质感与肌理，同时还具有防水、耐磨、防潮的特点。

➡ 深灰色皮纹砖极富质感，与光滑的大理石形成鲜明对比，强化了空间的装饰效果。

〉皮纹砖的选购

1. 手拿皮纹砖观察侧面，检查其平整度；将两块或多块砖置于平整地面，紧密铺贴在一起，缝隙越小，说明砖体平整度越高。

2. 一只手捏住皮纹砖的一角，提于空中，使其自然下垂，然后用另一只手的手指关节敲击砖体中下部，声音清脆者为上品，声音沉闷者为下品。

3. 检测吸水率是评价皮纹砖质量的一个非常重要的方法。可以在皮纹砖背面倒一些水，看其渗入时间的长短。如果皮纹砖在吸入部分水后，剩余的水还能长时间停留其背面，则说明皮纹砖吸水率低、质量好；反之，则说明皮纹砖吸水率高、质量差。

🎓 皮纹砖预览档案

特　点	应　用	参考价格
常见的颜色有白色、黑色、棕色、红色以及米色等，纹理凹凸不平，质感柔和，防水、耐磨、防潮	适于吧台、卧室、浴室、电视背景墙等居室空间的铺贴，可以与皮革家具协调搭配，营造和谐统一的整体家居氛围	300~800元/平方米

本书列出的价格仅供参考，实际售价请以市场现况为准

金属砖

金属砖是将坯体表面施加金属釉后经过高温烧制而成的，耐磨性好，颜色稳定，是一种质轻、防火、环保的装饰材料。在家庭装修中最常用的是仿铁、仿铜、仿铝三种仿金属色泽的瓷砖。

〉金属砖的特点

金属砖的原料是铝塑板、不锈钢等含有大量金属的材料，可呈现出拉丝及亮面两种不同的金属效果。金属砖较适用于现代风格空间，其冷冽的色感很能彰显出现代风格的高贵感。另外，金属砖拼接款式多样，不仅有单纯的金属砖拼接，还可以与其他材料拼接出个性、独特的装饰效果。

〉金属砖的选购

在挑选金属砖时，首先应观察金属砖的釉面是否均匀，光泽釉应晶莹亮泽，无光釉则应柔和。如果表面有颗粒并颜色深浅不一、厚薄不匀甚至凹凸不平，呈云絮状，则为下品。其次可将几块金属砖拼放在一起，在光线下仔细察看，好的产品色差很小，产品之间色调基本一致。而差的产品色差较大，产品之间色调深浅不一。最后检测金属砖的硬度，可试敲金属砖表面，声音越清脆其硬度越高、越耐磨。

金属砖装饰的墙面，视觉饱满度极高，给空间带来十足的时尚气息。

⬆ 金属砖的质感与沙发形成鲜明的对比，强化了空间简洁硬朗的美感。

⬆ 金属砖略带斑驳的饰面，营造出后现代风格的老旧中带有一丝时尚的美感。

🎓 金属砖预览档案

	分　类	材　质	优　点	参考价格
仿锈金属砖		彩色釉面砖，仿金属花纹	表面仿金属生锈效果，有仿铜锈或铁锈两种	400~800元/平方米
不锈钢金属砖		不锈钢、铝塑板等金属材料加工制成	有金属的天然质感与光泽度，有光面与拉丝两种，可做家具装饰中的点缀使用	500~800元/平方米
花纹金属砖		彩色釉面砖，仿金属花纹	砖体表面有各种立体感的纹理，常见颜色有香槟色、银色及金色等	500~800元/平方米

本书列出的价格仅供参考，实际售价请以市场现况为准

高量釉砖

　　高量釉砖，顾名思义是在瓷砖的表层添加了高量的釉料，使其表面更加光滑，拥有如同壁纸一般的装饰质感。由于表面特别光滑，故不具备防滑效果，只适合作为墙面装饰使用。

〉高量釉砖的优点

　　高量釉砖的表面细腻，色泽饱满，表层纹理细致，可以拼凑在一起，形成完整的装饰图案，大大增强了整个空间的整体性，装饰效果堪比壁纸，同时又具有防潮、防水、易清洗等壁纸不具备的优点。

〉高量釉砖的选购

　　在挑选高量釉砖时，除了要挑选自己喜爱的花色之外，还要留意砖体的耐磨度与抗酸碱性能。可使用锐利的物品在高量釉砖上刮磨几次，以此来检测高量釉砖的耐磨程度；抗酸碱性能可以通过产品的等级鉴定文件来证明。

高量釉砖装饰的墙面，光滑剔透，可以媲美天
然石材所带来的视感。

🎓 高量釉砖预览档案

分　类	特　点	应　用	参考价格
古典纹样	瓷砖表面纹理以传统装饰图案为主，如大马士革花纹、巴洛克式等图样	多用于传统古典风格居室墙面装饰	国产：500元/平方米，进口:2500元/平方米
现代纹样	表面光滑细腻，纹样以现代风格的几何图案、藤蔓或花卉为主	适用于颇具浪漫气息的空间	国产：500元/平方米，进口:2500元/平方米
定制纹样	可根据自己的喜好进行定制，如：水墨画、山水图等	多用于电视、沙发等居室内主题墙的装饰	定制产品价格较高，可根据实际情况议价

本书列出的价格仅供参考，实际售价请以市场现况为准

↑ 复古的拼花图案，精致华丽，凸显了高量釉砖的特点。

← 米色调的墙砖，在灯光的映衬下，显得更加光滑、洁净。

玻化砖

玻化砖由石英砂、泥按照一定比例烧制，再经过打磨而成，是所有瓷砖中最硬的一种。其吸水率、边直度、弯曲强度、耐酸碱性等方面都优于普通釉面砖、抛光砖及一般的大理石。

〉玻化砖的优点

玻化砖的色彩柔和，没有明显的色差，质感优雅，性能稳定，强度高，耐磨，吸水率低，耐酸碱。而且安全环保，不含氡，各种理化性能比较稳定，是替代天然石材较好的瓷制产品之一。

玻化砖采用对角式双色拼贴的方式进行铺装，让地面呈现的视觉效果更有层次感。

玻化砖预览档案

特　点	应　用	参考价格
色彩柔和，吸水率低，纹理多为仿大理石纹理，缺点是不具备防滑功能	用于玄关、客厅、餐厅等人员流动性大的空间地面铺设	40~500元/平方米

本书列出的价格仅供参考，实际售价请以市场现况为准

木纹砖

木纹砖是通过在瓷砖表面进行喷釉和压纹的方法，使瓷砖表面具有仿木纹的色泽与触感，是目前市场上比较流行的一种绿色环保型建材。

〉木纹砖的优点

木纹砖的表面纹路逼真、自然朴实，与抛光砖和石材比起来，其防滑功能更好，既有木质的温馨和舒适感，又易于保养。此外，木纹砖的表面经过防水处理，可直接用水擦拭，同时又具有阻燃、耐腐蚀、不褪色、使用寿命长等优点。

🎓 木纹砖预览档案

分类		特点	应用	参考价格
洗白木纹砖		表面硬度很高，吸水率较低，表面光滑，色彩淡雅	适用于现代风格与小空间装饰	25元/块(国产)
半抛木纹砖		表面相比其他木纹砖更加光滑，带有亮釉表层，纹理较深，具有很强的防滑性与耐磨性	色泽淡雅，适用于现代风格、田园风格、日式风格等配色简洁的空间铺贴	25元/块(国产)
陶质木纹砖		硬度较低，表面经过抛光处理，墙面、地面都可以使用。色泽光亮，色彩丰富，纹理比较平滑，因此防滑效果比较差	更多情况下被用于墙面的装饰	25元/块(国产)
浅褐木纹砖		硬度更高，吸水率低，表面纹理更加粗犷。色彩以浅褐色、浅米色为主	多用于乡村田园风格空间	40元/块(进口)

本书列出的价格仅供参考，实际售价请以市场现况为准

天然板岩

天然板岩具有板状劈理结构, 是一种质变岩石, 触感自然, 色彩丰富, 即使是同一块板岩, 色彩也会有很多层次变化。沉稳的质感、防滑的特性和丰富的色彩是天然板岩最突出的特点。

> 板岩的特点及运用

板岩的表面粗糙, 有很多细孔, 使其吸水率高, 坚硬且具有一定的防滑性能, 适用于玄关、卫浴间中。不过因其表层凹凸不平的质感, 很容易卡污, 不适合用于厨房的装饰。板岩用作地面装饰材料时, 因为本身的厚度不一, 所以施工时要掌握好水平线, 以避免造成地面高低不平。

◀ 板岩装饰的地面, 粗糙的饰面, 流露出浓郁的乡村气息。

🎓 板岩砖预览档案

分　类		特　点	应　用	参考价格
啡篷石		深浅不同的褐色叠层纹理	可用于室内及室外墙面、地面	180元/平方米
绿板岩		底色为淡淡的青色, 没有明显的纹理	可用于室内及室外墙面、地面	180元/平方米
印度灰		具有仿锈效果, 以黄色、灰色为主要色调, 色彩层次分明	可用于室内及室外墙面、地面	180元/平方米

本书列出的价格仅供参考, 实际售价请以市场现况为准

金刚砂瓷砖

金刚砂瓷砖是在陶砖表面喷一层天然硅砂，通过烧制使天然硅砂与陶砖密实地融合在一起，使用再久都不会脱落，因此金刚砂瓷砖具有很好的防滑效果。

〉金刚砂瓷砖的优点

金刚砂瓷砖的花色选择范围小，外观朴素，具有很好的防滑性能，十分适合有老人和儿童的家庭使用，尤其是厨房、卫浴间和阳台等水汽较重的空间。在使用时如果想增添一些装饰效果，可以与普通防滑地砖搭配拼贴，或者选用其他花色的瓷砖交替排列，以增添美观性。

金刚砂瓷砖装饰的墙面，搭配白色填缝剂，让墙面设计不至于太过单调。

🎓 金刚砂瓷砖预览档案

	材质特点	规 格	应 用	参考价格
	防滑、吸水性强、花色较少	15厘米×15厘米，25厘米×25厘米	适用于厨房、卫浴间、阳台的墙地装饰	100~200元/平方米

本书列出的价格仅供参考，实际售价请以市场现况为准

抛晶砖

纹理能看得见但摸不着的抛晶砖是一种精加工砖，它的特点在于其釉面。在其生产过程中，要将釉加在瓷砖的表面进行烧制，这样才能制成色彩、纹理皆非常出色的全抛釉瓷砖。

› 抛晶砖的优点

抛晶砖是全抛釉瓷砖的一种，具有彩釉砖的装饰效果，吸水率低，材质性能好。与传统瓷砖相比，抛晶砖最大的优点在于耐磨耐压，无辐射、无污染，耐酸碱，防滑。大块的抛晶砖还有地毯砖的别称，多数为精美的拼花，可以组成不同风格的精美花纹，装饰效果堪比地毯。其釉面光亮柔和、平滑不凸出、晶莹透亮，釉下石纹纹理清晰自然，与上层透明釉料融合后，犹如覆盖着一层透明的水晶釉膜，使得整体层次更加立体分明。

➡ 灯光的映衬下，墙砖的色泽更加饱满盈润，让整个卫浴间的视感时尚感十足。

🎓 抛晶砖预览档案

特 点	应 用	参考价格
无辐射无污染、吸水率低、经久耐用，花色多样、造型华丽	适用于客厅、玄关、走廊等人员流动性大的空间地面装饰	100~400元/平方米

本书列出的价格仅供参考，实际售价请以市场现况为准

仿古砖

仿古砖是一种上釉瓷质砖，通过样式、颜色、图案来营造出怀旧的效果，展现出岁月的沧桑和历史的厚重感。仿古砖的应用范围较广，是家庭装修中最常用的墙、地通用材料之一。

› 仿古砖的常见图案与颜色

仿古砖的图案多以仿木、仿石材、仿皮革为主；也有仿植物花草、仿几何、仿织物、仿金属等图案。在颜色运用方面，仿古砖多采用自然色彩，如沙土的棕色、棕褐色和红色色调；叶子的绿色、黄色、橘黄色的色调；水和天空的蓝色、绿色和红色等。

仿古砖装饰的地面，营造出的淳朴气质，是其他地面装饰材料所不能媲美的。

〉仿古砖的鉴别

1.耐磨度。耐磨度从低到高分为五度。一般家庭装饰用砖在一度至四度间选择即可。

2.硬度。硬度直接影响着仿古砖的使用寿命,可以通过敲击听声的方法来鉴别。声音清脆的表明内在质量好,不宜变形破碎,即使用硬物划一下砖的釉面也不会留下痕迹。

3.色差及方正度。察看同一批砖的颜色、光泽纹理是否大体一致,能不能较好地拼合在一起。色差小、尺码规整的则是上品。

仿古砖在地中海风格居室中的运用十分常见,是塑造地中海风格淳朴韵味的主要手段之一。

🎓 仿古砖预览档案

分 类		特 点	应 用	参考价格
单色仿古砖		防水、防滑、耐腐蚀,色彩丰富,可大面积使用	可用于不同空间的地面、墙面装饰	20~300元/块
花色仿古砖		防水、防滑、耐腐蚀,图案丰富多彩,多为手工绘制	多用于点缀装饰,如墙面腰线或地面波打线等	20~300元/块

本书列出的价格仅供参考,实际售价请以市场现况为准

釉面砖

　　釉面砖是表面经过施釉和高温高压烧制而成的瓷砖。釉面砖的表面强度大，可作为墙面和地面两用。相比普通玻化砖，釉面砖最大的优点是防渗、不怕脏，大部分的釉面砖的防滑度都非常好，而且釉面砖表面还可以烧制成各种颜色、花纹的图案，装饰效果十分丰富。

〉釉面砖的选购

　　1. 看。合格的釉面砖不应有夹层和釉面开裂现象；釉面砖背面不应有深度为1/2砖厚的磕碰伤；釉面砖的颜色应基本一致；距砖1米处观测，好的釉面砖不应有黑点、气泡、针孔、裂纹、划痕、色斑、缺边、缺角等表面缺陷。

　　2. 听。捏住釉面砖的一角将其提起，用金属物轻轻敲击砖面，听听发出的声音。一般来说，声音清脆的釉面砖密度大、强度高、吸水率较小，质量较好；反之，声音闷哑的釉面砖密度较小、强度较低、吸水率较大，质量较差。

蓝色釉面砖装饰的卫浴间墙面，整体给人一种清爽又华丽的视感。

3.量。即用尺量的方法检查釉面砖的几何尺寸误差是否在允许范围内。一般来说，长度和宽度的误差，正负不应超过0.8毫米；厚度误差，正负不应超过0.3毫米。检查的时候，应随机抽样，即在不同的箱子里取样检查，数量为总数的10%左右，但不要少于3块。

4.比。随意取两块釉面砖，面对面地贴放在一块，看一看是否有鼓翘。再将釉面砖相对旋转90°，看一看周边是否依然重合。如果砖面相贴紧密，无鼓翘，旋转后周边依然基本重合，就可以认为所查釉面砖的方正度和平整度是比较好的。

釉面砖用来装饰厨房，也是个不错的选择，充分利用其易清洁的优点。

🎓 釉面砖预览档案

分　类		特　点	应　用	参考价格
亮光釉面砖		釉面均匀、平整、光洁，颜色亮丽图案丰富，方便清洁	适合营造干净、时尚的效果，多用于墙面装饰	40~400元/平方米
亚光釉面砖		颜色图案丰富，防滑效果优于亮光釉面砖	适合营造古朴、雅致的效果，一般用于厨房、卫浴间、阳台等地面装饰	40~400元/平方米

本书列出的价格仅供参考，实际售价请以市场现况为准

实战应用案例

[古典美式家居的魅力]

文化石装饰的电视墙给以淳朴的视觉感, 搭配连续的拱门造型, 奠定了空间的美式风格格调; 实木家具、布艺沙发、铁艺吊灯等精心挑选的软装元素, 共同打造了一个充满美式风格魅力的家居空间。

[花白色大理石的简约美感]

花白大理石装饰的电视墙, 为现代风格客厅增添了简约、通透的美感, 花白纹理在灯光的衬托下, 装饰效果极佳; 圆形大理石茶几与电视墙形成呼应, 浅灰色布艺沙发则为洁净的空间增添了一份时尚感。

[现代风格居室的简约主题]

素色调大理石装饰的背景墙，简约大方，整体空间更趋于现代感；同色调的皮质沙发设计造型简洁大方，搭配丰富的布艺饰品，打破了空间色彩的单调，也诠释了空间的简约主题。

[沉稳厚重的居室氛围]

粗犷的原石背景墙配合实木格栅，色彩感厚重且粗犷；布艺沙发在色彩上与墙面漆形成统一，整体空间显得温暖而厚重。

[简约睿智的现代风格居室]

空间整体以白色和棕色为主色调,白色大理石装饰的电视墙,简洁而富有层次感,同色系的花瓶搭配色彩淡雅的花草,为空间带来一份清新自然的美感;棕色调的墙漆与地面形成呼应,为简约的空间带来理性与睿智之感。

[无彩色系的魅力]

无彩色系的结合奠定了空间简约的气息,使空间的整体氛围散发着简洁与大方;花白大理石的装饰,让沙发墙尽显现代奢华感;高级灰的布艺沙发搭配黑色木质家具,彰显了现代风格居室从容内敛的美感。

[米色的诱惑]

米白色的室内空间搭配黑色木质茶几，给空间奠定了理性的基调；米黄色大理石装饰的电视墙，设计造型十分简洁，为白色调的空间注入了温暖的色彩；极富质感的地毯、沙发、工艺饰品，丰富了空间的色彩，也在细节上体现了生活的精致与品位。

[贵气、舒适、整洁的新古典主义]

白色为背景色的空间容易打造洁净、优雅的空间氛围；宽大舒适的绒布沙发和窗帘增添了空间的古典韵味；白色实木家具与墙面的硬包、墙砖形成呼应，营造出一个贵气、舒适、整洁的空间。

[现代欧式风格居室的轻奢魅力]

米色大理石装饰的矮墙，既有一定的收纳功能又巧妙地将休闲区域与客厅划分开，温馨柔和的米色网纹也为素白的空间增添了一份暖意；浅灰色绒布沙发及座椅为素雅的空间增添淡淡的华丽感，展现了现代欧式风格居室的轻奢魅力。

[巧用地砖丰富地面设计]

灰白色的六边形地砖搭配浅咖色收边条，让地面的设计十分有层次感；实木餐桌椅是餐厅中的绝对主角，沉稳厚重的实木框架搭配橙色布艺坐垫，为空间注入一份低调而华丽的美感。

[浅色仿古砖的淳朴与低调]

浅色仿古砖装饰的地面，展现出乡村美式风格低调、内敛的风格特点；白色木质家具更加凸显仿古砖的质感，也为居室带来明快的视感。

[纹理自然的木纹砖]

木纹砖清晰的纹理犹如木材一般自然，光滑的表面给人呈现的视觉效果更加饱满；简洁的现代风格家具及灯饰与其搭配，展现出现代风格简洁、大方的风格特点。

[多元化的装饰材料]

餐厅侧墙的选材十分考究，色彩斑斓的马赛克、壁纸、木质隔板等，组成了十分多元化的墙面。隔板上整齐摆放的饰品、餐具、花艺等，从细节中流露出新古典主义精致的生活品位。

[石材带来的华丽感]

花白大理石装饰的餐边柜，呈现出洁净华丽的视感；米色网纹玻化砖采用菱形对角式进行铺贴，再搭配黑色收边条与深啡色网纹大理石制作的波打线，让地面更有设计感。

[石材与木材的完美搭档]

米色与棕红色营造出一个温馨而低调的古典风格居室，墙面采用米色网纹大理石作为主要装饰材料，呈现的视觉感华丽又温馨；棕红色实木边柜嵌入其中，集收纳功能和装饰功能于一体。

[灯饰的组合让用餐氛围更舒适]

暗暖色调为主的餐厅，灯饰的运用十分巧妙，设计造型极富创意的吊灯、灯带以及射灯的运用，保证了空间良好的照明，同时也缓解了暗色调的沉闷感；地面选用浅棕色仿古砖搭配黑色大理石波打线，搭配简单却不失层次感。

[来自深色地砖的稳重感]

温暖淡雅的原木色，营造出一个十分富有禅意的空间氛围。木质格栅设计线条简洁，半通透的视觉效果使居室多了一份神秘感；地面深灰色板岩砖的装饰，则为温润、禅意的空间增添了一份稳重感。

[利用软装元素提升色彩层次]

米色调的空间内，装饰画的边框与吊灯、边桌的边框线条保持一致，体现出搭配整体感的同时，也让浅色调的空间更有层次感；地面选用双色地砖作为装饰，一深一浅，简约而雅致。

[新古典主义的精致韵味]

墙面采用米色石材作为装饰,打造了一个温馨安宁的基调;精致复古的实木家具与灯饰、花艺的搭配,增加了精致古典的味道;地面砖的精致拼花图案完美地提升了整个空间的硬装美感。

[沉稳中带有清新感的美式格调]

墙面采用了亮白色,让空间的整体感觉洁净优雅;灰色装饰线的搭配为空间融入了美式元素,并注入了对称的美感;复古的家具、灯饰以及地面精美的拼花,色彩拿捏得恰到好处,使空间的整体氛围沉稳而不失清新。

[白色橱柜与彩色墙砖的搭配]

厨房在结构设计上，摒弃了左右不必要的繁复枝节，尽可能地让空间利用更大化；白色实木橱柜搭配彩色釉面墙砖，地面也选择了同色系的瓷砖，在视觉上使简洁的厨房设计更加丰富。

[马赛克的魅力]

卫浴间墙面采用色彩斑斓的马赛克作为装饰，再与镜面搭配，空间虽小，并不显得拥挤；白色浴缸、马桶等功能物品的合理规划，使整个空间明亮、干爽。

第三章　板材类装饰材料

随着家装材料市场的不断发展，板材类装饰材料已经不仅仅局限于实木类板材，各种加工工艺的运用让各种人工合成板材呈现在人们的视觉当中。它们同样具有优质的纹理，却以花色多样、可塑性能、健康环保、价格低廉等特点，成为板材市场的新宠。

木丝吸音板

　　木丝吸音板以白杨木纤维为原料，结合独特的无机硬水泥黏合剂，经过高温、高压制成。吸音效果良好，表面具有独特的丝状纹理，给人一种原始粗犷的感觉。

〉木丝吸音板的安装

　　1. 墙面安装：首先应对基面进行处理，保持施工面的干燥与整洁。在有木龙骨的情况下，从木丝吸音板的侧面20毫米厚度处斜角钉入普通的不锈钢钉子；在没有木龙骨的情况下，一般采用爆炸螺丝把小段的木垫片固定在轻钢龙骨上，然后将木丝吸音板固定在木垫片上。如果墙面没有龙骨时，采用玻璃胶或其他胶水直接将木丝吸音板粘贴上即可。

　　2. 吊顶安装：在进行顶面安装时，龙骨的选择应根据木丝吸音板的重量而定。一般龙骨有600毫米×600毫米或600毫米×1200毫米两种。在架设好龙骨之后，可以采用螺钉将木丝吸音板固定在龙骨上。

🎓 木丝吸音板预览档案

分　类		材质特点	规格尺寸	应　用	参考价格
方形木丝板		以白杨木纤维、水泥黏合剂为原材料	600毫米×600毫米，厚度6~12毫米	适用于顶棚、墙壁	40~150元/张
长形木丝板		以白杨木纤维、水泥黏合剂为原材料	6900毫米×1800毫米、1200毫米×2400毫米，厚度6~12毫米	适用于顶棚、墙壁	40~150元/张
多边形木丝板		以白杨木纤维、水泥黏合剂为原材料	每条边长120毫米，厚度6~12毫米	适用于墙壁	40~150元/张

本书列出的价格仅供参考，实际售价请以市场现况为准

木饰面板

木饰面板全称为装饰单板贴面胶合板，它是将天然木材或科技木刨切成一定厚度的薄片，黏附于胶合板表面，然后热压而成的一种用于室内装修或家具表面的装饰材料。

›木饰面板的分类

常见的木饰面板分为天然木饰面板和人造薄木饰面板。天然木饰面板基本为通直纹理或图案有规则；而人造薄木饰面板为天然木质花纹，纹理图案自然、无规则。此外，木饰面板也可按照木材的种类来进行区分，目前市场上常见的木饰面板大致有柚木饰面板、胡桃木饰面板、枫木饰面板、水曲柳饰面板、榉木饰面板等。

利用木饰面板装饰卧室墙面，其温润的色泽，清晰的纹理，在灯光的衬托下，使卧室氛围更加温馨。

🎓 木饰面板预览档案

分 类		特 点	应 用
榉木饰面板		可分为红榉和白榉两种,表面纹理细而直并带有均匀点状。木质坚硬、强韧,耐磨、耐腐、耐冲击,干燥后不易翘裂,透明漆涂装效果颇佳	用于墙面、装饰柱面、家具饰面板以及门窗护套
枫木饰面板		枫木的花纹呈明显的水波纹,或呈细条纹。表面呈乳白色,色泽淡雅均匀,硬度较高,涨缩率高,强度低	用于实木地板以及家具饰面板
柚木饰面板		柚木具有质地坚硬、细密耐久、耐磨、耐腐蚀、不易变形等特点,其涨缩率是木材中最小的	用于家具饰面板以及墙面的装饰
胡桃木饰面板		胡桃木是颜色纹理变化最为丰富的木材,其颜色可由淡灰棕色到紫棕色,纹理粗而富有变化	适用于家具饰面板以及墙面的装饰
水曲柳木饰面板		水曲柳的纹理可分为山纹和直纹两种,颜色黄中泛白,纹理清晰,结构细腻,具有涨缩率很小、耐磨、抗冲击性好的特点。如将水曲柳木施以仿古漆,其装饰效果不亚于樱桃木等高档木种,并且别有一番自然的韵味	用于墙面及家具的装饰
樱桃木饰面板		樱桃木的颜色古朴,由深红色至淡红棕色,其纹理通直、细腻、清晰、抛光性好。同时樱桃木的弯曲性能好、硬度低、强度适中,耐冲击力及负载力特别好	用于墙面护墙板、门板及家具饰面板的装饰
橡木饰面板		橡木由于产地不同,因此在颜色上可分为白橡木、黄橡木及红橡木三种。橡木的纹理清晰、鲜明,柔韧度与强度适中	用于家居装饰中护墙板及家具的饰面板装饰

风化板

风化板可分为实木风化板和贴皮夹板两种，都是通过去除木纹中质地较软的部分而制成的。其表面呈风化的斑驳状或纹理呈凹凸状。实木风化板可以直接用于家具及墙面装饰的制作；贴皮夹板则可以像其他饰面板一样，贴在家具或墙面上，做表面装饰使用。

〉风化板的制作

1. 钢丝刷处理法。利用钢丝刷磨除木材纹理中较软的部分，从而使木材表面的纹理形成凹凸的触感。钢丝刷处理法主要用于梧桐木等相对质地较软的木材，因此，价格也相对比较低廉。

2. 喷砂磨除法。喷砂磨除法能加强局部纹理深浅差异，对于木材质地较硬的榉木、柚木等，可以选用喷砂磨除法来进行木材表面处理，以达到理想的效果。喷砂磨除法制作出的风化板属于定制类风化板，因此价格是普通钢丝刷处理的风化板的3倍左右。

风化板略显粗糙的饰面，为空间增添了一份怀旧的美感。

〉风化板的纹理

由于木材的剖面不同，所以风化板所呈现的纹理也不尽相同，主要可分为直纹和山纹两种。其中山纹的纹理线条更加清晰，凹凸感更强，能营造出自然、粗犷的空间氛围；而直纹则较多呈现出简洁、严肃的空间氛围。

〉梧桐木风化板的特点

梧桐木风化板是目前市场上最受欢迎、最常见的风化板木种之一。梧桐木的重量轻、色泽浅，因此能够牢固地贴覆在墙面或家具表面。此外，梧桐木风化板表面颜色处理也比较容易，如果做洗白、特殊染色处理，成色效果很好。由于梧桐木风化板的质地较软，因此不适合做地面装饰。

卧室墙面的风化板为空间带来了无限暖意，也十分符合居室内温润的格调。

🎓 **风化板预览档案**

材质	应用	参考价格
由各式木料制作而成，以梧桐木最为常见	作为室内墙面或家具贴面使用	贴皮夹板400元/张，实木风化板800~2000元/张

本书列出的价格仅供参考，实际售价请以市场现况为准

美耐板

美耐板是以浸过的进口装饰纸与牛皮纸层层排叠，再经高温高压压制而成。具有耐高温高压、耐刮、防火等特性，是相当耐用的表面装饰材料。

› 美耐板的优点

美耐板应用广泛，从客厅、卧室到厨房、卫浴间等空间的柜体、墙面及台面都能使用美耐板作为装饰。此外，美耐板的可选花色很多，有仿木纹、金属、石材等纹样。美耐板粘贴后不必上漆，具有耐磨、耐刮、防火、易清洁等特点，是既经济又实惠的表面装饰材料。

利用美耐板装饰墙面，让空间的整体触感及视感更感温暖。

🎓 美耐板预览档案

	材　质	特　点	参考价格
	牛皮纸	可选花色多、纹理自然，具有一定的耐刮、防潮性能;价格经济实惠	160元/平方米

本书列出的价格仅供参考，实际售价请以市场现况为准

欧松板

　　欧松板多取材于白松木、白杨木、白桦木等再生木种，使用少量高级环保胶黏剂制作而成，其甲醛释放量几乎为零，可以与天然木材相媲美，是目前市场上最高等级的环保装饰板材之一。此外，欧松板的稳定性、咬合紧密度等都优于普通木芯板。由于木屑之间的少许缝隙，在某种程度上保留了板材吸收水分、热胀冷缩的弹性，使板材更加结实耐用，不易产生变形或破裂的现象。欧松板的最后一道加工程序是采用蜜蜡打磨形成防护膜，使其具有防水、防尘的效果，适合铺设墙面或装饰地面，也可以制成家具的夹板。

◆ 欧松板的运用，让人与墙面接触时的触感更加舒适。

🎓 欧松板预览档案

分　类		特　点	应　用	参考价格
白松木欧松板		木材密度较高，表层光滑，木板强度好	可用于墙面造型及家具、门板的基层制作	280元/片
白杨木欧松板		木材细孔粗大，表面比较粗糙，装饰效果好	可用于墙面造型及家具、门板的基层制作	280元/片

本书列出的价格仅供参考，实际售价请以市场现况为准

环保免漆板

环保免漆板是一种新型的环保装饰材料，是将带有不同颜色或纹理的纸放入三聚氰胺树脂胶黏剂中浸泡，干燥后将其铺装在刨花板、防潮板、中密度纤维板、胶合板、细木丁板或实木板材上面，经热压而成的装饰板，因此环保免漆板也常叫作三聚氰胺板。

〉环保免漆板的优点

环保免漆板的质感天然、木纹清晰，可以与原木相媲美，且产品表面无色差。具有离火自熄、耐洗、耐磨、防潮、防腐、防酸、防碱等特点。环保免漆板的可塑性强、色泽层次丰富，施工方便、工期短、效率高、效果好等，都是环保免漆板不可忽视的优点。

🐚 环保免漆板预览档案

	特 点	规格尺寸	应 用	参考价格
	具有天然质感，纹理清晰，离火自熄	长2400毫米，宽1200毫米，厚17毫米	适用于各种风格的室内墙面及家具表面装饰	150~400元/张

本书列出的价格仅供参考，实际售价请以市场现况为准

椰壳板

椰壳板是一种新型环保材料，将经过切割并干燥的椰壳去丝、磨光后，再由手工拼组而成。纯人工的编排制作，使板材具有多样、独特的纹理效果，可用于背景墙面或间隔墙面，能够打造出浓郁的东南亚风情。

〉椰壳板的优点

椰壳为天然物品，每片之间都会有一些天然的色差，也会存在天然纹路及厚薄的不同，但是不影响产品质量和外观，反而更能展现出它的天然之美。椰壳板的拼贴有多种组合方式，例如，二拼板、复古板、不规则拼接板、人字拼板、回字拼板等。

〉椰壳板的应用

椰壳板除了可以装饰背景墙及间隔墙面外，还可以用于家具的饰面装饰，如：茶几、梳妆台、椅子、吧台等。在使用椰壳板装饰室内空间时，不仅可以运用固定尺寸的板材进行装饰，还可以根据实际情况进行裁切，而且可以通过油漆来进行换色搭配。

椰壳板装饰的主题墙面，赋予经间更加淳朴、自然的韵味。

〉椰壳板的常见种类

经过打磨后的椰壳色泽自然，多半为咖啡色，其颜色的深浅与其生长的年限、光照强度等自然条件有关。为了避免成品板材的单调，可以在拼贴时做一些调整。通常情况下有三种颜色的成品：一般椰壳板、洗白椰壳板、黑亮椰壳板。

〉椰壳板的日常保养

椰壳板为天然装饰材料，在使用时会因温度和湿度的变化或长期与空气接触而导致氧化，可以适当地涂刷保护漆来避免氧化。透明保护漆既不破坏原色，又能对板材起到保护作用。除此之外，还可以进行木皮染色，不仅可以加深椰壳板本身的色泽，还可以堵塞椰壳板的天然细孔，预防发霉，延长椰壳板的使用寿命。

由于椰壳板的表面带有弧度，在拼贴时会产生缝隙，很容易出现卡尘的现象，清理时应注意不要用水直接冲洗，而是用干布拂去表面灰尘或用半干的抹布擦拭。

🎓 椰壳板预览档案

	特　点	应　用	参考价格
	硬度高、防潮、防蛀、装饰效果好	墙面装饰或家具表面装饰	40~80元/平方米（每平方米15~20片）

本书列出的价格仅供参考，实际售价请以市场现况为准

实木地板

实木地板是用实木直接加工而成的地板，它保持原木材的自然纹理，环保无污染，是家居地板铺设的首选材料。实木地板脚感舒适，使用安全，具有良好的保温、隔热、隔声、吸声、绝缘的性能，是卧室、客厅、书房等地面装修的理想材料。

〉实木地板对空间的营造

实木地板常以柚木、紫檀木和花梨木等为原料。柚木的颜色偏黄，看起来比较光滑，充满油质；紫檀木的颜色较深，质地坚硬，可以给空间带来沉稳内敛的感觉；花梨木偏红，纹理清晰、自然，纹路多样，富有变化，可以给居室带来古朴典雅的装饰效果。

↑ 色泽红润的实木地板，给人的感觉更有暖意。

↑ 丰富的纹理，让单一的地面装饰更有层次感。

〉实木地板在不同空间中的运用

在家居装饰中，不是所有的空间都需要高强度的实木地板。通常来讲，客厅、餐厅等活动量较大的空间，比较适合选用高强度的实木地板，如巴西柚木、杉木等；而卧室、书房则可以选择强度相对低一些的品种，如水曲柳、红橡木、榉木等；老人与儿童居住的房间可以选用一些色泽柔和温暖的实木地板。

🎓 实木地板预览档案

分　类		特　点	应　用	参考价格
柚木实木地板		强度适中；稳定性及耐久性好，油脂多，可防蛀虫，纹理优雅	适用于卧室、书房	1800元/平方米
花梨木实木地板		强度较高；表面呈典雅的红褐色，带有淡淡的清香，木材稳定性好，耐用	适用于客厅、餐厅、玄关等活动量大的空间	2000元/平方米
樱桃木实木地板		强度适中；色泽高雅，纹理雅致，稳定性好，耐久性高	适用于卧室、书房、休闲区	3000元/平方米
水曲柳实木地板		强度一般；颜色浅淡，纹理清晰，稳定性好	适用于卧室、书房、休闲区	1800元/平方米
榉木实木地板		相对较软；纹理细腻，稳定性好	适用于卧室、书房、休闲区	1800元/平方米
风铃木实木地板		硬度高；耐久力与稳定性高	适用于客厅、餐厅	1600元/平方米

本书列出的价格仅供参考，实际售价请以市场现况为准

实木复合地板

实木复合地板是由不同树种的板材交错层压而成的,克服了实木地板干缩湿胀的缺点,具有较好的稳定性,并保留了实木地板的自然木纹和舒适的脚感。

〉实木复合地板的优点

实木复合地板表层为优质珍贵木材,不但保留了实木地板木纹优美、自然的特性,而且大大节约了优质珍贵木材的资源。表面大多涂五遍以上的优质UV涂料(紫外光固化涂料),不仅有较理想的硬度、耐磨性、抗刮性,而且阻燃、光滑,便于清洗。芯层选用再生木材作为原材料,成本低、性能好,其成品的弹性、保温性等完全不亚于实木地板。实木复合地板不仅具有实木地板的各种优点,还弥补了强化复合地板密度较大、脚感差、可修复性差、不利于环保等不足,因此成为当今市面上地板的主流产品。

▲ 纹理自然而丰富的 实木复合地板。

◀ 原木色的实木复合地板,为现代风格居室带来不可或缺的原始美感,丰富的纹理也让地面装饰更富有层次感。

〉实木复合地板的种类

　　实木复合地板可分为多层实木复合地板和三层实木复合地板。三层实木复合地板是由三层实木单板交错层压而成，其表层多为桦木、水曲柳、花梨木、柞木、柚木等。芯层由普通软杂规格木板条组成，树种多用松木、杨木等；底层为旋切单板，树种多用杨木、桦木和松木。三层结构板材用胶层压而成，多层实木复合地板是以多层胶合板为基材，以硬木薄片镶拼板或单板为面板层压而成。

🎓 **实木复合地板预览档案**

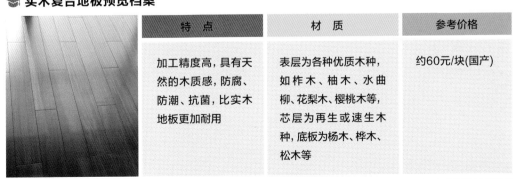

特　点	材　质	参考价格
加工精度高，具有天然的木质感，防腐、防潮、抗菌，比实木地板更加耐用	表层为各种优质木种，如柞木、柚木、水曲柳、花梨木、樱桃木等，芯层为再生或速生木种，底板为杨木、桦木、松木等	约60元/块(国产)

本书列出的价格仅供参考，实际售价请以市场现况为准

软木地板

软木地板柔软、安静、舒适、耐磨。其独有的隔声效果和保温性能也非常适合应用于老人房、儿童房及书房等空间。

〉软木地板的优点

1. 脚感柔软舒适。软木地板具有健康、柔软、舒适、脚感好、抗疲劳的良好特性。软木的回弹性可大大降低由于长期站立对人体背部、腿部、脚踝造成的压力，同时有利于老年人膝关节的保护，可最大限度地降低对人体的伤害度。

2. 防滑性能好。软木地板具有比较好的防滑性，其防滑的特性也是它最大的特点，增加了使用的安全性。

3. 能够吸收噪声。软木质地较软，使其吸声功能更强于其他材质的地板。

◀ 软木地板的运用，增添了卧室的舒适度，淡淡的木色与居室内的其他元素搭配得恰到好处。

〉软木地板的养护

　　软木地板的保养比其他木地板更简便。在使用过程中，若个别处有磨损，可以采用局部弥补，即在局部重新涂上涂层。方法很简单，在磨损处轻轻用砂纸打磨，清除其面上的污物，然后再用干软布轻轻擦拭干净，重新涂上涂层，或在局部覆贴聚酯薄膜。对于表面刷漆的软木地板，其保养同实木地板一样，一般半年打一次地板蜡就可以了。

🎓 软木地板预览档案

	材　质	特　点	应　用	参考价格
	以橡树树皮为原材料	花色选择非常多，环保安全，隔声、防潮，脚感极佳	适用于各种家居风格，尤其适用于卧室、书房、儿童房、老人房的地面装饰	400~1200元/平方米

本书列出的价格仅供参考，实际售价请以市场现况为准

竹地板

竹地板是以天然优质竹子为原料，经过二十几道工序，脱去竹子原浆汁，经高温高压拼压，再经过多层涂装，最后利用红外线烘干而成。竹地板具有天然纹理，清新文雅，给人一种回归自然、高雅脱俗的感觉。

→ 竹地板在日式风格居室中的运用较多，其淡雅的色彩，让居室的整体感觉更有文艺范。

﹥竹地板的选购

在选购竹地板时要仔细观察地板的表面，看看漆上有无气泡，色泽是否清新亮丽，竹节是否太黑，表面有无胶线；然后再看四周有无裂缝，有无批灰痕迹，是否干净整洁；再就是看背面有无竹青竹黄残留。

经过洗白处理的竹木地板，与居室内软包的颜色形成呼应，让卧室的整体基调更加和谐。

〉竹地板的日常养护

竹地板在使用过程中最重要的是保持室内干湿度，因为竹地板虽然经过干燥处理，但是也会随着气候的变化而变化。如在干燥的冬季，应保持室内湿度适宜，在梅雨季节则要保持室内通风良好，减少空气中的湿度。此外，竹地板在使用时应注意避免硬物撞击、利器划伤或金属摩擦等情况。在日常清洁时，需用拧干的毛巾擦拭，如果不慎将水洒在地面上，要及时擦干。

竹地板预览档案

	材　质	特　点	应　用	参考价格
	采用天然竹材经过高温、高压压制而成	具有竹子天然的纹理，无毒、环保、防潮、防虫，强度高、不易变形，使用寿命长	适用于各种空间	600~1400元/平方米

本书列出的价格仅供参考，实际售价请以市场现况为准

实木UV淋漆地板

实木UV淋漆地板是纯木制品，将实木烘干后经过机器加工，表面经过淋漆固化处理而成。它吸取了传统实木地板与强化地板的优点，材质性温，脚感好，纹路真实自然。常见的实木UV淋漆地板的材质有柞木、橡木、水曲柳、枫木和樱桃木等。

〉实木复合型UV淋漆地板

实木UV淋漆地板的木质细腻，干燥，受潮后易收缩，产生反翘变形现象，安装比较麻烦。但是实木复合型UV淋漆地板则完善了实木UV淋漆地板的一些不足，基材采用高密度板，弥补了天然木材受力不均、收缩不平衡等缺陷，安装后整体不会变形、开裂、起拱。正常使用8~10年后，还可自行打磨涂刷地板漆1~2遍，地板又可焕然一新，属"再生型"产品。因此实木复合型UV淋漆地板具有新颖性、自然性、稳定性及再生性四大特点。

⬆ 亚光淋漆地板采用人字形铺贴法，让地面设计更丰富。

⬅ 亮光型淋漆地板，在阳光的映衬下，纹理更加逼真，装饰效果更显洁净。

› 亚光型UV淋漆地板

UV淋漆地板的漆面可分为亮光型和亚光型。经过亚光处理的地板表面不会因光线的折射而对眼睛产生伤害，也会起到一定的防滑效果。既能避免光源污染，又有良好的装饰效果，因此，亚光型UV淋漆地板在家居装饰中较为常用。

🎓 实木UV淋漆地板预览档案

分类	特点	应用	参考价格
亮光型UV淋漆地板	表面涂层光洁均匀，脚感好，纹理真实自然	适用于采光不足的空间	180~320元/平方米
亚光型UV淋漆地板	表面涂层呈亚光状，装饰效果柔和，脚感好，纹理真实自然	适用于任何空间，尤其适用于采光充足的房间	180~320元/平方米

本书列出的价格仅供参考，实际售价请以市场现况为准

海岛型地板

海岛型地板为多层复合型地板,下层的夹板经干燥处理过,稳定性强,表层不易变形,所以膨胀系数比一般实木地板小,可以避免离缝、翘曲等现象发生,较适合在潮湿地区使用。

〉海岛型地板的优点

海岛型地板是一种复合型地板,表面材料为实木贴皮,底材用多层薄板,进行水平、垂直交错重叠而成,最后再以胶合技术将面材与地板贴合,使其稳定性更强。不易变形是海岛型地板的最大优点,因适合潮湿的海岛型气候地区使用而得名。海岛型地板有多种花色可选,常见的有白橡木、白栓木、柚木、黑檀木等;由于表面的处理方式不同,表面纹理有平面的或用钢刷处理过的凹凸纹理两种。

地板与地毯的搭配,形成明显的深浅对比,让室内地面装饰更有层次感。

🎓 海岛型地板预览档案

分　类	特　点	应　用	参考价格
白橡木海岛型地板	为最常见的海岛型地板，价格便宜，纹理细腻清晰	比较适合田园风格及乡村风格空间使用	150~500元/平方米
白栓木海岛型地板	木纹大而明显，价格便宜	适用于简约风格空间	150~500元/平方米
黑檀木海岛型地板	不易吃水，坚固耐用，价格偏贵	适用于古朴典雅的空间	200~700元/平方米
柚木海岛型地板	表面呈棕黄色光泽，油脂含量高，木质稳定、耐用	适用于古朴雅致的空间	200~700元/平方米

本书列出的价格仅供参考，实际售价请以市场现况为准

实战应用案例

[木材打造的日式家居]

大量的木质材料的装饰表现出日式风格居室自然、淳朴的特征；整个空间没有华丽的装饰，木饰面板、格栅、家具、地板等天然木材，在灯光的衬托下质感更加细腻，氛围更加柔和。

[木饰面板沉稳内敛的美感]

木饰面板装饰的沙发墙，不需要多余复杂的设计造型，仅通过木材本身的纹理来营造居室沉稳、内敛的空间基调；墙面两幅装饰画增添了空间的艺术气息。

[木材与金属砖的碰撞]

空间墙面一侧采用木饰面板作为装饰，另一侧选用金属砖，两种材质的对比鲜明，在明亮的灯光映衬下，彰显了现代风格居室的大胆选材。

[棕色基调的现代风格居室]

以棕色为主色调的空间内，散发着现代风格低调、理性的美感，木饰面板装饰的沙发墙，简约而富有质感，黑白色调的装饰画、米色布艺沙发、几何图案抱枕、黑色烤漆茶几等软装元素的配合，打造现代风格的简洁大气。

[简洁的木质元素让现代中式风格居室更加典雅]

现代中式风格居室内，对木材的运用十分常见，通常以简洁的直线条作为装饰，摒弃传统的复杂装饰，充分利用木材的原色及纹理，来营造空间典雅、自然的风格韵味。

[褪去繁华的都市生活]

以自然的木色作为背景色，米白、浅灰、黑色与其搭配，通直的木纹理是整个空间内唯一的装饰图案，整体空间给人一种褪去繁华、简洁、舒适、安逸的感觉。

[沉稳大气的美式风格]

客厅保持了美式风格固有的选材特点及设计理念，以大地色系为主基调，强化空间淳朴、低调的美感；电视墙斑白的木饰面板与地板保持一致，形成彼此的呼应，体现选材的用心；家具的色调相对厚重，使居室的重心更加稳固，也更符合风格特点。

[优雅的白色仓谷门]

白色仓谷门是空间中的装饰亮点，搭配米色调的墙面，洁净而优雅；高级灰的木地板将现代风格的时尚感巧妙地融入空间，营造出现代美式简约、大方的空间氛围。

[柔和的木色]

柔和的木色搭配洁净的白色，让空间的色彩环境十分和谐；深棕色的实木餐桌、随意摆放的各色饰品、奶白色单人沙发、皮革地毯等元素，加入了浓浓的生活气息，营造出宁静而充满活力的空间氛围。

[镜面与木饰面板的碰撞]

镜面与木饰面板的结合，形成强烈的冷暖对比，艺术感十足的浮雕装饰嵌入其中，新颖别致，打造出一个充满个性与时尚感的现代风格居室。

[高级灰的时尚与理性]

温润的木饰面板搭配高级灰的窗帘，使整个卧室散发着现代风格的简约与理性；黑色的暖光台灯搭配造型别致的床头柜，为空间注入了时尚气息；白色纱帘，轻飘的质感，为硬朗的现代风格卧室带来曼妙、柔美的视感。

[深色地板的稳重感]

以浅色作为空间的主色调，银白色的软包搭配白色实木家具，通过不同的材质来体现空间色彩搭配的层次感，让卧室呈现的视感更显柔和；深棕色的木地板与布艺窗帘形成呼应，也为浅色调空间增添了一份厚重感。

[灯光的映衬让木饰面板更有层次感]

柔和的灯光映衬出木饰面板丰富的纹理，两者完美地融合，让卧室的格调更显温馨；干净的白色布艺床品为温暖的空间增添了一份洁净的美感。

[婴儿蓝色的清爽与浪漫]

以淡淡的婴儿蓝色为卧室的背景色，洋溢着清新与浪漫，搭配温润的木饰面板，显得格外温暖；墙面的三联装饰画，为简约的空间增添了艺术感。

[浅灰色木地板的时尚感]

床品的色彩丰富而富有活力，为以浅色为背景的卧室带来了不可或缺的色彩层次，使空间氛围更加活跃；灰白色木地板与白色墙面，让整个居室显得简洁又时尚。

[水泥墙与木材的碰撞]

裸露的灰色水泥墙，彰显了工业风格的粗犷与时尚，木饰面板、地板、家具等木质元素的搭

配，为硬冷的空间增添了无限的暖意与精致感。

[来自木质元素的点缀]

蓝色与白色形成了鲜明的对比，让人联想到海天一色的视觉

感，沉稳的木饰面板加入其中，作为整个书房的深色点缀，缓

解了白色与蓝色带来的轻飘感。

[营造大气与现代感的木作]

大气而现代的书房空间，运用大量的木材作为装饰，给人的感

觉淳朴、自然；陈列柜中摆放整齐的书籍、饰品，为空间注入生

活气息，也体现了主人优雅、高贵的气质。

第四章　漆质类装饰材料

漆质类装饰材料以其优越的附着性、可自行定义色彩的独特优点，成为家庭装饰中不可替代的装饰材料。此外，施工方便、保养维护成本低也是漆质类装饰材料的另一大特点。

乳胶漆

乳胶漆是以合成树脂乳液为基料加入颜料及各种助剂配制而成的水性涂料。可根据装饰的光泽效果分为无光、亚光、半光、丝光和有光等类型。

›乳胶漆的基本性能

1.较好的覆遮性和遮蔽性是高质量乳胶漆的组成要素,装饰效果好,施工方便,用量更省;

2.附着力良好的乳胶漆,可以避免出现裂缝和瑕疵等现象;

3.乳胶漆的易清洗性确保了光泽和色彩的持久度;

4.实用性好的乳胶漆在操作过程中不会引起气泡四处流溢、飞溅等状况;

5.弹性乳胶漆具有优异的防水功能,防止水渗透墙壁、损坏水泥,从而保护墙壁,并具抗菌功能。

墨绿色的乳胶漆墙面,强化了卧室的乡村气息,让整体氛围更加清新。

〉乳胶漆的施工标准

乳胶漆本身是半成品，想要达到最完美的效果，除了乳胶漆本身的质量以外，施工也起到关键的作用。首先，乳胶漆涂刷使用的材料品种、颜色要符合设计要求。其次，涂刷面要颜色一致，不允许有透底、漏刷等质量缺陷。如果使用喷枪喷涂时，喷点应疏密均匀，不允许有连皮、流坠等现象。最后，手触摸漆膜应光滑、不掉粉，门窗及灯具、家具等洁净，无涂料痕迹。

蓝色与白色形成了经典的地中海风格色调，给人带来如大海般浩瀚的视觉感受。

〉乳胶漆的选用

在进行墙面粉刷时，应根据不同房间的功能来选择相应功能特点的乳胶漆。例如卫浴间或其他潮湿的空间，最好选择耐霉菌性较好的乳胶漆；厨房则应选择耐污渍及耐擦洗性较好的乳胶漆；而选择具有一定弹性的乳胶漆，对遮盖裂纹、保持墙面的装饰效果有利。

➡ 墙面选用白色乳胶漆作为装饰，营造出的氛围整洁而优雅。

﹥涂刷面积的测算

在涂刷涂料前,有必要对涂刷面积进行一番测算,以免造成不必要的浪费。例如,在一个标准的方形房间里,除了四个面需要涂刷外,它还多出了一个房顶,所以就需要刷五面,而在这五面里又或多或少地有门和窗,所以需要减去门和窗的面积,即:(长×宽+长×高×2+宽×高×2-门窗面积),一般情况下,通过以上方法算出的结果都为占地面积的3.5倍左右,所以在实际使用中可用(长×宽×3.5)来估算内墙的涂刷面积。

墙面的面漆选择淡雅的婴儿蓝,使空间的整体氛围恬静而舒适。

🎓 **乳胶漆预览档案**

特　点	应　用	参考价格
色彩多样、环保,具有较高的遮盖力及良好的耐洗刷性,安全环保,施工方便	适用于普通家装或公装墙面、顶面装饰	国产: 500元/桶,进口: 2500元/桶

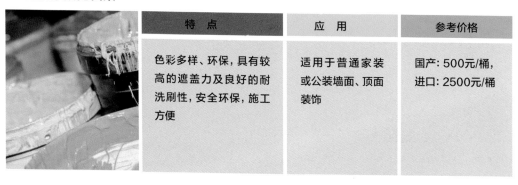

硅藻泥

　　硅藻泥是以硅藻土为主要原材料，选用无机颜料调色，色彩柔和、不易褪色，同时具有消除甲醛、净化空气、调节湿度、释放负氧离子、防火阻燃、杀菌除臭等功效。因此，硅藻泥不仅有良好的装饰性，同时还具有十分强大的功能性。

〉硅藻泥的优点

　　硅藻泥健康环保，具有丰富的肌理图案和色彩，装饰效果很好，是可以替代壁纸和乳胶漆的新型装饰材料。

　　硅藻泥独特的分子筛结构，具有极强的吸附性和离子交换功能，可以有效地去除空气中的游离甲醛、苯、氨等有害物质，同时还可以净化空气。此外，分子筛结构在接触到空气中的水分后会产生瀑布效应，释放出对人体有益的负氧离子。

▲ 硅藻泥略显粗糙的饰面，增添了空间的质朴感，灰蓝色的基调在白色的搭配下，显得更加温馨、浪漫。

🎓 硅藻泥预览档案

分 类		特 点	吸放湿量	参考价格
稻草硅藻泥		颗粒最大，添有稻草，带有很强的自然气息	较高，81克	约500元/平方米
防水硅藻泥		颗粒中等，具备防水功能，室内室外均可使用	中等，75克	约400元/平方米
元素硅藻泥		颗粒较大	较高，81克	约350元/平方米
膏状硅藻泥		细腻，颗粒较小	较低，72克	约400元/平方米
金粉硅藻泥		颗粒较大，添加金粉，装饰效果奢华	较高，81克	约600元/平方米

本书列出的价格仅供参考，实际售价请以市场现况为准

木器漆

木器漆是用于木制品上的一类树脂漆,有聚酯漆、聚氨酯漆等,可分为水性木器漆和油性木器漆。按光泽可分为高光、半亚光、亚光;按用途可分为家具漆、地板漆等。

〉木器漆的作用

1.使木质材料表面更加光滑;

2.避免木质材料直接被硬物刮伤、划痕;

3.木器漆可以有效防止水分渗入木材内部造成腐烂;

4.木器漆还可以有效防止阳光直晒木质家具造成干裂。

➔实木家具及护墙板经过木器漆的修饰,色泽更加饱满盈润。

亚光漆面让浅色木饰面板的纹理更加突出,营造的氛围也十分清爽。

〉木器漆的选购

1.从材质上选择。水性漆最环保,施工简单方便,且不会加深木器的颜色,其中尤以聚氨酯水性漆性能最优。

2.从光泽上选择。使用高光木器漆的家具,线条感冷硬,现代感较强,视觉上也会更亮堂、热烈一些;使用亚光木器漆则感觉更为柔和软暖、气质古典而内敛,居住空间更为雅静或休闲。

3.从色彩上选择。色漆主要用作调和漆,其遮盖能力好、装饰性强,可以让木家具焕发缤纷色彩,在欧式或现代风格家居中较多使用;而清漆则可以呈现色漆遮盖掉的木材纹理,更显得原汁原味。

◀ 地板经过木器漆的养护处理,表面更加光亮,木材的纹理更清晰自然,大大提升了装饰效果。

🎓 木器漆预览档案

分　类	特　点
硝基清漆	属挥发性油漆,具有干燥快、漆膜坚硬、耐磨等优点,而且木纹清晰、光泽柔和;缺点是高湿天气易泛白,丰满度低、硬度低
聚酯漆	干燥快、硬度高、耐水、耐磨蚀;缺点是较脆,易泛黄,含有TDI(甲苯二异氰酸酯)
聚氨酯漆	漆膜强韧,光泽丰满,附着力强,耐水、耐磨、耐腐蚀;缺点是遇潮起泡,与聚酯漆一样,存在变黄的问题

液体壁纸

液体壁纸是一种新型涂料，也称壁纸漆，是集壁纸和乳胶漆的优点于一身的环保型水性涂料。液体壁纸采用高分子聚合物与进口珠光颜料及多种配套助剂精制而成，无毒无味，绿色环保，有极强的耐水性和抗菌性能，不易生虫，不易老化。

➡ 墙面采用液体壁纸作为装饰，真正做到无缝衔接，美观程度可见一斑。

🎓 液体壁纸与传统壁纸的比较

液体壁纸	液体壁纸与基层的附着更牢靠、不起皮、无接缝、无开裂；性能稳定，耐久性好，不变色；防水耐擦洗，抗静电，灰尘不易附着；颜色可随意调和，色彩丰富；图案可进行个性设计，十分丰富；无毒、无味，可放心使用；价格合理，美观时尚
传统壁纸	传统壁纸采用粘贴工艺，黏合剂老化后会出现起皮、接缝处开裂等现象；此外还有易氧化变色、怕潮、需专用清洗剂清洗、二次施工揭除异常困难等缺点；但是传统壁纸的色彩相对稳定，只是色彩图案的选择比较被动

墙面彩绘

墙面彩绘俗称手绘墙画，运用环保的绘画颜料，依照居室主人的爱好和兴趣，迎合家居的整体风格，在墙面上绘出各种图案以达到装饰效果。

〉手绘墙的运用

手绘墙画并不局限于家中的某个位置，客厅、卧室、餐厅甚至是卫浴间都可以选择。可以针对一些比较特殊的空间进行绘制，如阳光房可以在局部绘制以太阳、花鸟为主题的画，儿童房可以绘制卡通画，在楼梯间还可以画上妖娆的藤蔓等。另外，在开关座、空调管等不适合摆放家具或者装饰品的角落位置，可以用手绘墙画来作为装饰，精致的花朵、自然的树叶，都能起到画龙点睛的作用。

↑ 充满童真意味的手绘墙画，为空间注入无限的活力。

↑ 手绘图案与钟表的完美结合，体现搭配的创意感。

〉手绘墙画的图案选择

　　手绘墙画可以与多种家居风格搭配。图案的选择要根据居室的整体风格和色调来选择尺寸、风格及颜色。手绘墙画的图案有中式风情、北欧简约、田园色彩、卡通动漫等多种选择。其中，植物图案是如今最为流行的墙面手绘图案，绿色植物、海草、贝壳、芭蕉、荷花等都成了手绘墙画的宠儿。

🡹 现代风格居室中，运用较为夸张的图案来装饰墙面，充分体现了主人的个性。

🎓 **手绘墙画预览档案**

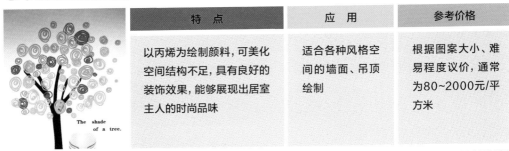

	特　点	应　用	参考价格
	以丙烯为绘制颜料，可美化空间结构不足，具有良好的装饰效果，能够展现出居室主人的时尚品味	适合各种风格空间的墙面、吊顶绘制	根据图案大小、难易程度议价，通常为80~2000元/平方米

本书列出的价格仅供参考，实际售价请以市场现况为准

仿岩涂料

仿岩涂料是一种水性环保涂料，表面有颗粒，类似于天然石材，相比瓷砖和石砖，仿岩涂料更加经济实惠，能够营造出古朴、原始的自然风情。仿岩涂料主要有厚浆型涂料、仿花岗石涂料与撒哈拉系列涂料。由于涂料的成分不同，涂出的表面颗粒大小也不同。

〉仿岩涂料的等级选择

仿岩涂料面漆的成分不同，其耐久性也不同。通常来讲，亚克力面漆的耐久性为3~5年，聚氨酯面漆的耐久性为5~7年，氟树脂耐久性为10~15年。通常来讲南方地区宜选用聚氨酯以上等级的涂料。若选用耐久性差的涂料，每过几年就需要更新一次，反而增加成本。

↑ 仿岩涂料装饰的墙面，为餐厅带来后现代的冷峻美感。

🎓 仿岩涂料预览档案

分类		特点	应用	参考价格
厚浆型涂料		厚浆型涂料的主要成分是亚克力树脂，也称为仿岩石厚质涂料	可用于室内外墙面装饰	50元/平方米
仿花岗石涂料		将天然的花岗石磨成粉末，经过高温加工，然后和亚克力树脂混合而成，其稳定性更好，同时具有不易褪色的优点	可用于室内外墙面装饰	60元/平方米
撒哈拉系列涂料		撒哈拉系列涂料的主要成分为矽利康，可以营造出沙漠般质感的墙面，涂料的材质细腻，品质很好，相比其他两种涂料更加耐用	可用于室内墙面装饰	60元/平方米

本书列出的价格仅供参考，实际售价请以市场现况为准

艺术涂料

艺术涂料是一种新型的墙面装饰材料，最早起源于欧洲。艺术涂料不仅环保无毒，同时还具备防水、防尘、阻燃等特点。优质的艺术涂料可洗刷，色彩历久弥新，故受到消费者推崇。

〉艺术涂料的特点

艺术涂料的效果自然、贴合，使用寿命长是艺术涂料最大的优点。艺术涂料涂刷在墙上，就像腻子一样，完全与墙面融合在一起。另外，与其他饰面材料相比，艺术涂料不会有变黄、褪色、开裂、起泡、发霉等现象的出现。

→ 肌理艺术涂料装饰的墙面，粗糙中带有一丝清新的意味，与柔软的布艺元素相搭配，整体氛围有着说不出的温馨感。

🎓 艺术涂料预览档案

分　类	特　点	应　用
真石漆系列	具有天然大理石的质感、光泽和纹理，逼真度可与天然大理石相媲美	适用于门套、家具等线条的饰面装饰或立柱的饰面装饰
板岩漆系列	具有板岩石的质感，可任意创作艺术造型。通过艺术施工的手法，呈现各类自然岩石的装饰效果，具有天然石材的表现力，同时又具有保温、降噪的特性	适用于室内墙面或主题墙的装饰
浮雕漆系列	具有仿真浮雕效果，涂层坚硬，黏结性强，阻燃、隔声、防霉、艺术感强	适用于室内墙面或主题墙的装饰
幻影漆系列	膜细腻平滑，质感如锦似缎，错落有致，高雅自然	适用于室内墙面或主题墙的装饰
肌理漆系列	肌理漆系列有一定的肌理性，纹路自然、随意，适合不同场合的要求，可配合设计做出特殊造型与花纹、花色	适用于室内主题墙、吊顶、立柱的装饰
金属漆系列	具有金箔闪闪发光的效果，给人一种金碧辉煌的感觉。高贵典雅，施工方便，物美价廉，装饰性极强	适用于室内墙面、吊顶的点缀装饰
裂纹漆系列	裂纹漆裂纹变化多端，错落有致，具有艺术立体美感	适用于室内墙面或主题墙的装饰
砂石漆系列	具有天然石材的质感，耐腐蚀、易清洗、防水，纹理清晰流畅，表现力丰富，立体感强，柔韧性、可塑性极强	适用于室内墙面或主题墙的装饰
纹理漆系列	纹理自然，风格各异，色彩多变，漆膜细腻平滑	墙面、吊顶、石膏板及木间隔的装饰

实战应用案例

[白色墙漆带来的简洁与优雅]

白色墙漆赋予空间洁净优雅的美感；布艺、灯饰、家具等精心挑选的软装元素的加入，让硬装设计十分简洁的空间有了无限的生活气息，展现出现代风格精致的生活品位。

[简洁的北欧风格色调]

北欧风格居室内，墙面、顶面都采用白色乳胶漆作为装饰，再运用浅灰色壁纸、石材与之搭配，营造出一个简约大气的空间氛围；略带冷色调的抱枕及装饰画的加入，让色彩搭配更富北欧风格的特点。

[乳胶漆营造的暖意]

白色石膏线条简洁大方，勾勒出电视背景墙的层次感，为空间的硬装设计增添了对称的美感；暖色调的乳胶漆与其搭配，巩固了空间的温暖基调。

[地中海的自然情怀]

蓝色是地中海风格最钟爱的颜色之一，客厅中采用淡蓝色的乳胶漆装饰墙面，搭配连续的拱门造型、做旧的双色木质家具、蓝白条纹座椅等元素，从装饰材料到色彩搭配再到软装搭配，无一不诠释着地中海风格的自然情怀。

[自然清爽的绿色]

井字格吊顶与壁炉造型的电视背景墙，呈现出大气磅礴的古典主义气魄；淡淡绿色的墙面渲染出自然、清爽的空间氛围；古典而淳朴的木质家具、柔软舒适的布艺沙发、精致的灯饰及画品，让整个空间散发着乡村美式的田园情调。

[新古典主义的奢华魅力]

奶白色与孔雀蓝的组合，为客厅营造出一个干净、清爽又带有一丝贵气的空间氛围；古朴的高靠背沙发椅搭配黑色实木家具，精美的灯饰、饰品及布艺，让人感到新古典主义的精致与奢华。

[奶油黄的硅藻泥]

美式风格居室的家具用色较深，良好的采光缓解了深色的压抑感；奶油黄硅藻泥装饰的墙面，使空间变得明亮起来，衬托出空间温馨的气氛。

[淡雅静谧的现代风格色彩基调]

浅咖色与棕色搭配的色彩基调淡雅中散发着静谧的气息；浅灰色布艺沙发与地毯的运用，让空间整体更协调；充满创意的灯饰、家具形成了一幅很具有现代气息的画面。

[温馨自然的生活气息]

美式风格居室空间十分注重温馨和生活化的氛围；布艺软包、木质线条、素色墙漆的搭配，为餐厅营造出一个温馨的环境氛围；深色家具、华丽的水晶灯、装饰花束等，从细节上给人带来温馨的生活气息。

[质朴优雅的地中海风格餐厅]

白色墙漆搭配蓝色护墙板，蓝白相间的基调是希腊地中海独有的特色，也奠定了整体的配色基调；柱腿式实木餐桌上安装一盏铁艺烛台式吊灯，延续了空间质朴优雅的基调。

[无彩色系的经典配色]

卧室以灰色与木色为主，床头背景墙以高级灰的墙漆作为装饰，与空间中的白色、黑色组成现代风格居室中最经典的色彩搭配；棕色的木质地板保证了空间的温度感，呈现出现代风格的简洁大气。

[自然环保的硅藻泥]

绿色硅藻泥装饰的卧室墙面增添了空间的自然气息；床品、窗帘、家具、灯饰、装饰画等软装元素，既增添了卧室空间的层次感，又给整个卧室带来了强烈的视觉冲击力。

[温馨典雅的睡眠空间]

墙漆、软包床、床品等保持同一色调，营造出一个温馨与典雅的空间氛围；家具、装饰画、饰品等元素，为空间色彩带来层次感；阳光透过轻飘的纱质窗帘照射进来，空间呈现出轻松惬意感。

[奶油白的魅力]

淡淡的奶白色墙漆在灯光的映衬下，显得更加温馨舒适，搭配带有古典图案的壁纸，使墙面设计的层次更加丰富；蓝白相间的软装元素既活跃了空间色色彩，又充满了地中海情调。

[轻柔洁净的儿童乐园]

儿童休闲区采用素色墙漆搭配白色木质踢脚线作为墙面装饰,呈现的视觉效果柔和又洁净;
白色木质家具,随意摆放的玩具、图书,带来了祥和的气息,让岁月静好的氛围更加浓郁。

第五章　顶面装饰材料

顶面装饰材料通常以具有质轻、防火、防水等特点的材质为主；常用的吊顶面层材料主要有石膏板、PVC板和铝合金板等。石膏板主要用于客厅、餐厅、卧室等无水汽的地方。PVC板由于不耐火、易变形，只适用于浴室或卫生间。铝合金板是厨房、浴室等空间的理想吊顶面层材料。

纸面石膏板

纸面石膏板是以建筑石膏为主要原料，掺入适量添加剂与纤维做板芯，以特制的板纸护面，经加工制成。具有重量轻、隔声、隔热、可加工性强、施工方便等特点。纸面石膏板可分普通、耐水、耐火和防潮四类。

↑ 石膏板装饰的顶面，简约大气。

〉纸面石膏板的优劣鉴别

1. 外观检查。先看表面是否平整光滑，质量好的纸面石膏板没有气孔、污痕、裂纹、缺角、色彩不均和图案不完整的现象，下两层牛皮纸必须结实。再观察纸面石膏板的侧面，看石膏质地是否密实，有没有空鼓现象，越密实的纸面石膏板越耐用。

2. 用手敲击。如敲击后纸面石膏板发出很实的声音，说明纸面石膏板严实耐用；如发出很空的声音，则说明板内有空鼓现象，且质地不好。此外，用手掂分量也可以评判纸面石膏板的优劣。

〉纸面石膏板的施工

纸面石膏板加工方便、施工方便，只需在所施工的顶面或墙面放线定位，安装造型龙骨，再将纸面石膏板用钉、粘等方式固定即可。因为纸面石膏板的可加工性好，板块之间通过无缝处理就可以达到无缝对接的效果，用它做装饰材料可极大地提高施工效率。

🎓 石膏板预览档案

分类	材质	应用	参考价格
普通石膏板	建筑石膏、纤维	客厅、餐厅、卧室等空间的顶面及墙面装饰	200元/平方米
防潮石膏板	建筑石膏、纤维	浴室、阳台空间的顶面装饰	200元/平方米
防火石膏板	建筑石膏、纤维	多用于厨房空间的顶面装饰	200元/平方米

本书列出的价格仅供参考，实际售价请以市场现况为准

硅酸钙板

硅酸钙板是由硅质材料、钙质材料、增强纤维等按一定配合比，经过模压、蒸压等工艺制成的一种新型的建材。因其强度高、重量轻，并具有良好的可加工性和不燃性，被广泛用于室内吊顶和间隔的墙体。硅酸钙板具有防火、防潮、隔声、防虫蛀、耐久性强等特点。

〉硅酸钙板的优点

硅酸钙板的表面纹理十分丰富，表层印有图纹的硅酸钙板也被称为"化妆板"。硅酸钙板的表层纹理主要有仿木纹、仿大理石纹和花岗石纹等。此外，硅酸钙板的清洁保养十分简单，只需用清水擦拭即可；若是表面印有纹样的"化妆板"，可以用清洁剂、松香水或去污剂等溶剂直接擦拭。

〉选购与识别

进口板材的颜色很浅，呈白色，表面光滑，板材的密度高，品质较好，但是价格比较高；国产板材的颜色比较深，表面不是很光滑，但是价格比较低廉。在选购时，可以通过观察硅酸钙板的表面是否光滑以及颜色的深浅来辨别板材。

🎓 硅酸钙板预览档案

	分　类	材　质	应　用	规格尺寸	参考价格
平面硅酸钙板		水泥、硅砂、纤维	隔间墙、墙壁、顶棚	60厘米×60厘米 90厘米×180厘米 120厘米×240厘米 厚度6~12毫米	180~240元/平方米
穿孔硅酸钙板		水泥、硅砂、纤维	隔间墙、墙壁、顶棚	60厘米×60厘米 90厘米×180厘米 120厘米×240厘米 厚度6~12毫米	180~240元/平方米

本书列出的价格仅供参考，实际售价请以市场现况为准

PVC扣板

PVC扣板是以聚氯乙烯树脂为基料,加入抗老化剂、改性剂等,经混炼、压延、真空吸塑等工艺而制成。

› PVC扣板的优点

PVC是聚氯乙烯材料的简称,属于塑料装饰材料的一种。PVC扣板质轻、安装简便、防水防潮、防蛀虫,表面的花色图案多样,并且具有耐污染、阻燃、隔声、隔热等良好性能。PVC扣板所占的市场份额比较大,价格也是十分经济实惠,深受广大消费者喜爱。

→ 顶面的PVC扣板在灯光的照射下,格外简约、整洁。

› PVC扣板的质量鉴别

1. 查看产品包装是否完好。

2. 查验板质的刚性,用力捏板茎,捏不断,则板质刚性好。

3. 查验韧性,180° 折板边10次以上,板边不断裂,则韧性好。

4. 查验板面是否牢固,用指甲用力掐板面端头,不产生破裂则板质优良。

5. 优质PVC扣板的板面色泽光亮,底板色泽纯白莹润。

[细腻精致的石膏板吊顶]

平面石膏板装饰的客厅顶面，简洁大气，四角装饰的浮雕花纹，体现出硬装细节的精致；暗藏的灯带与简洁的筒灯组成了无主灯的照明方式，使整个空间的氛围明亮而温馨。

[跌级石膏板的层次感]

跌级造型的顶面设计，采用纸面石膏板作为装饰，表面的白色乳胶漆细腻光滑，在灯光的映衬下显得更加纯净、洁白；墙面的白色与顶面形成呼应，搭配客厅中的蓝色主题，整个空间洋溢着地中海风情的自由与浪漫气息。

[简约大气的现代风格居室]

简约平面吊顶让空间的整体感觉简洁大气，精心搭配的灯饰组合在一起，缓解了顶面的单一
感；墙面与地面的设计一如既往地尊崇了简约的设计理念，彰显了现代风格的设计特点。

[多元化的选材让顶面更丰富]

跌级造型的顶面设计，通过不同的材料搭配，所呈现的视觉效
果十分饱满；装饰线条与家具的色调保持一致，也体现了空间
装饰的整体感。

[华丽的灯饰让顶面更加出彩]

利用茶镜镜条作为石膏板的修饰边框，使餐厅吊顶呈现的视觉
感更加丰富，也缓解了白色的单一感；华丽时尚的水晶吊灯成
为空间的点睛之笔，营造出时尚梦幻的空间氛围。

[古典中式风格中的回字形吊顶]

古典中式风格居室内，以沉稳的大地色系作为主色调，顶面运用实木线条勾勒出回字形的吊顶造型，古朴的棕红色实木搭配白色石膏板，色彩对比明快，缓解了大量深色带来的压抑感。

[简约大方的无主灯设计]

卧室采用无主灯式设计，简约大方的平面石膏板吊顶搭配若干筒灯，使空间的光影效果简洁、明亮，十分符合现代风格的简约气质。

[古典居室内的跌级吊顶]

休闲空间内以白色作为背景色，顶面选用跌级石膏板吊顶作为装饰，体现了顶面设计的层次感；浅棕色绒布窗帘在灯光映衬下显得格外华贵；实木家具的纹理自然清新，为空间带入一份淳朴的韵味。

[纯白色的空间]

简洁大气的顶面设计，平面石膏板搭配石膏线作为装饰，干净整洁又不失层次感；墙面的设计与顶面大同小异，空间内所有的色彩层次来自地面，黑色与白色的搭配，为以纯白色为基调的空间带来了不可或缺的色彩层次。

[组合灯饰让平面吊顶的装饰效果更佳]

玄关空间的采光相对较少，对光线有着更高的要求，除了满足基本照明外，还应考虑平衡亮度和营造氛围。筒灯搭配壁灯的组合照明，提亮了空间，同时也使平面吊顶的光影效果更加丰富。

第六章　其他装饰材料

玻璃、PVC（聚氯乙烯）、蔺草、软包等装饰材料在家庭装修中有着其他装饰材料所不能媲美的装饰效果。如玻璃具有通透、洁净的装饰效果；蔺草能让居室的氛围更具有自然感；软包具有良好的吸声效果；PVC（聚氯乙烯）地板的无缝衔接是其他装饰材料望尘莫及的。

烤漆玻璃

烤漆玻璃是一种极富表现力的装饰玻璃品种,可以通过喷涂、滚涂、丝网印刷或者淋涂等方式来体现。

❯不同工艺的烤漆玻璃

烤漆玻璃根据不同的制作方法,可分为油漆喷涂玻璃和彩色釉面玻璃两种。油漆喷涂玻璃色彩艳丽,多为单色;彩色釉面玻璃又分为低温彩色釉面玻璃和高温彩色釉面玻璃两种,其中低温彩色釉面玻璃的附着力相对较差,容易出现划伤、掉色的现象。

⬆ 烤漆玻璃装饰的电视墙,充满个性与现代感。

🎓 烤漆玻璃预览档案

分类		特点	应用	参考价格
实色烤漆玻璃		色彩丰富,根据潘通色卡或劳尔色卡上的颜色任意调配	用于现代风格居室中墙面、顶面、家具饰面	150元/平方米
金属系列烤漆玻璃		具有金色、银色、铜色及其他金属颜色效果	可用于不同风格居室中墙面、顶面、家具饰面	200元/平方米
DIY系列烤漆玻璃		可根据自我喜好、需求订制不同风格的装饰图案	多用于现代风格居室中墙面、顶面、家具饰面	可根据订制图案进行议价

本书列出的价格仅供参考,实际售价请以市场现况为准

彩绘玻璃

彩绘玻璃是目前家居装修中运用较多的一种装饰玻璃。彩绘玻璃图案丰富、亮丽，能够创造出一种赏心悦目的和谐空间，增添浪漫迷人的现代情调。

〉彩绘玻璃的分类

彩绘玻璃主要有两种，一种是经过现代数码科技将胶片或PP纸（一种合成纸）上的彩色图案与平板玻璃黏合而成，图案色彩丰富，同时还有强化、防爆等功能，被广泛用于家居推拉门的装饰。还有一种比较传统的工艺是纯手绘彩绘玻璃，是用毛笔或者其他绘画工具，按照设计的图纸或效果图描绘在玻璃上，再经3~5次高温或低温烧制而成。

◀ 现代风格居室内，彩绘玻璃的图案丰富多彩，白色蒲公英增添了一份浪漫情调。

🎓 彩绘玻璃预览档案

分　类		特　点	应　用	参考价格
现代手绘玻璃		图案、色彩多元化，价格便宜；缺点是容易掉色，保持时间不长久	通常应用于现代风格家居中家具饰面或推拉门	根据成品的大小、厚度、图案等议价
传统手绘玻璃		图案永不掉色，不怕酸碱的腐蚀，并易于清洁	多用于墙面间隔的装饰	根据成品的大小、厚度、图案等议价

艺术玻璃

艺术玻璃包含了所有以玻璃材质为载体，体现设计和艺术效果的玻璃制品。其款式、造型、花色的多样化是其他装饰建材不能及的。常见的雕花玻璃、磨砂玻璃、中空玻璃等都属于艺术玻璃的范畴。

〉艺术玻璃的日常养护

对于使用艺术玻璃装饰的墙面、门扇、窗扇等，尽量不要悬挂重物，同时还要避免碰撞玻璃面，以防止玻璃面刮花或损坏。在日常清洁时，只需要用湿毛巾或报纸擦拭即可，如遇污渍，则可用温热的毛巾蘸取食用醋即可擦除。

带有古典图案的茶色艺术玻璃，营造出的空间氛围十分典雅、内敛。

🎓 **艺术玻璃预览档案**

分类	特点	应用	参考价格
LED玻璃	安全环保，有红、蓝、黄、绿、白五种颜色可选，图案可预先设计并自由掌控LED（发光二级管）光源的明暗变化	用于现代风格家居中墙面的装饰	60~300元/平方米(国产)
压花玻璃	表面花纹图案多样，可透光，但却能遮挡视线，即具有透光不透明的特点	主要用于门窗、室内间隔、卫浴间等处	50~300元/平方米(国产)
雕刻玻璃	分为人工雕刻和计算机雕刻两种，立体感强	适合作为隔断或墙面造型	70~300元/平方米(国产)
夹层玻璃	安全性高，同时具有耐光、耐热、耐湿、耐寒、隔声等功能	多用于与室外接壤的门窗	40~120元/平方米(国产)
磨砂玻璃	表面粗糙，使光线产生漫射，透光而不透视，可使室内光线柔和而不刺目	用于需要隐蔽的卫浴间、门窗及隔断	50~180元/平方米(国产)
热熔玻璃	玻璃表面带有各种凹凸不平、扭曲、拉伸、流状或气泡的效果，具个性，视觉冲击力强	可作为门窗、隔断或墙面的造型装饰	50~180元/平方米(国产)
琉璃玻璃	表面质感凹凸不平，色彩鲜艳，装饰效果强，价格较贵	可作为门窗、隔断或墙面的造型装饰	100~300元/平方米(国产)
水珠玻璃	也叫肌理玻璃，使用寿命长、装饰效果好	可作为门窗、隔断或墙面的造型装饰	50~180元/平方米(国产)

本书列出的价格仅供参考，实际售价请以市场现况为准

玻璃砖

玻璃砖是用透明或彩色玻璃料压制而成的块状或空心盒状、体形较大的玻璃制品。品种主要有玻璃空心砖、玻璃实心砖。由于玻璃制品所具有的特性，多用于采光及防水功能的区域。

〉玻璃砖的用途

家居装饰中，玻璃砖常被用做隔墙的装饰，既能有效地分隔空间，同时又能保证大空间的完整性，起到遮挡效果，保证室内的通透感。另外，玻璃砖也可以用于墙体的装饰，将小面积的玻璃砖点缀在墙面上，可以为墙体设计增色，同时有效地弱化墙体的厚重感。

〉玻璃砖的鉴别

由于产地不同，玻璃砖的品质也不尽相同，在选购时可以通过观察玻璃砖的纹路和色彩进行辨别。意大利、德国出产的玻璃砖，表面细腻并带有淡淡的绿色；而印度尼西亚、捷克出产的玻璃砖则比较苍白。在选购玻璃砖时还要注意观察砖体外表是否有裂纹、砖体内是否有未熔物、砖体之间的熔接是否完好等问题。

🎓 玻璃砖预览档案

分类		特点	应用	规格（毫米）	参考价格
无色玻璃砖		砖体有透明状和半透明状，透光性能好、隔声、防水、隔热	比较适用于现代风格居室中墙体、屏风、隔断的装饰	190×190×80 145×145×80 240×240×80	40~100元/块(国产)
彩色玻璃砖		砖体颜色丰富，有透明状和半透明状，具有隔声、防水、隔热、节能环保等优点	适用于田园风格或混搭风格空间中墙体、屏风、隔断的装饰	190×190×80 145×145×80 240×240×80	60~120元/块(进口)

本书列出的价格仅供参考，实际售价请以市场现况为准

钢化玻璃

钢化玻璃属于安全玻璃，它是一种预应力玻璃。为提高玻璃的强度，通常使用化学或物理的方法来提高玻璃的承载力，增强玻璃自身的抗风压性、抗寒暑性及抗冲击性。

〉钢化玻璃的优点

钢化玻璃安全性能较高，是现代风格家居装饰中常用的装饰材料之一。钢化玻璃的抗冲击强度和抗弯强度是普通玻璃的3~5倍。当玻璃受外力破坏时，会形成类似蜂窝状的钝角碎小颗粒，不易对人体造成严重的伤害。此外，钢化玻璃具有良好的热稳定性，能承受的温差是普通玻璃的3倍，可承受300℃的温差变化。

◀ 钢化玻璃作为卧室与洗漱间的间隔，充满现代感，通透的材质缓解了小空间的局促感。

🎓 钢化玻璃预览档案

特　点	应　用	尺寸规格	参考价格
安全性高，装饰效果通透、明亮	多应用于现代风格家居中墙面间隔、楼梯扶手、家具等处	厚度有8毫米、11毫米、12毫米、15毫米、19毫米等	约180元/平方米

本书列出的价格仅供参考，实际售价请以市场现况为准

镜片

　　镜片十分适用于现代风格居室内装饰运用，不同颜色的镜片能够营造出不同的韵味，打造出或温馨、或时尚、或个性的空间氛围。

〉镜片的运用

　　可用于居家装饰的镜片有很多种，但无论是哪一种镜片，在同一空间内都不适合大面积使用，因为大面积的镜片会产生强烈的反射效果，使人感到混乱。无色镜片应尽量作为点缀使用，而有色镜片则可以选择与不同材料进行搭配使用，从而起到强化空间风格、丰富空间设计的作用。例如：白色的墙面搭配黑色镜片，颜色与材料的双重对比，不仅可以彰显现代风格的质感，同时又能增强空间搭配的平衡感。当室内空间较小时，利用镜片进行装饰不仅可以将梁柱等部件隐藏起来，而且从视觉上可以延伸空间感，使空间看上去更加宽敞。

↑ 镜面的运用，让客厅墙面的设计更有层次感，视觉效果更加简洁、明亮。

镜面装饰的卧室墙面，与暖色调的壁灯搭配，光
影效果更加丰富。

🎓 镜片预览档案

分　类	特　点	应　用	参考价格
黑色镜片	有平面黑镜和车边黑镜两种，相比平面黑镜，车边黑镜的立体感更强，不宜大面积使用	用于现代风格家居中墙面、家具、吊顶等装饰	200元/平方米
灰色镜片	有平面和车边两种，相比黑镜的冷硬感，灰镜的装饰效果更柔和，即使大面积使用也不会显得沉闷	用于各种风格家居中墙面、家居、吊顶的装饰	200元/平方米
茶色镜片	有平面与车边两种造型，装饰效果温暖、华贵	用于各种风格家居中墙面、家居、吊顶的装饰	250元/平方米
银色镜片	最常见的镜面装饰材料，有平面与车边两种造型，装饰效果通透明亮，缺点是反射率高	用于各种风格家居中墙面、家居、吊顶的装饰	200元/平方米

本书列出的价格仅供参考，实际售价请以市场现况为准

软包

软包所使用的材料质地柔软, 色彩柔和, 能够柔化整体空间氛围, 其纵深的立体感也能提升家居档次。除了具有美化空间的作用外, 更重要的是它具有吸声、隔声、防潮、防霉、抗菌、防水、防油、防尘、防污、防静电、防撞的功能。

软包在古典风格居室中的运用十分常见, 柔软舒适的面料既美观, 又有一定的吸声功能。

🎓 软包预览档案

	分 类	特 点	材 质	参考价格
布艺软包		质地柔软, 花色、面料可选度高, 能够营造出温暖舒适的空间氛围	面料为棉、麻或真丝等布艺, 以海绵作为内置填充物	根据面积大小及面料材质的不同议价
皮革软包		赋予墙面立体凹凸感, 又具有一定的吸声效果	面料为各色真皮或人造革, 以海绵作为内置填充物	根据面积大小及面料材质的不同议价

硬包

　　与软包对应的是硬包,硬包的填充物不同于软包,它是将密度板制作成想要的设计造型后,包裹在皮革、布艺等材料里面。相比软包,硬包更加适用于现代风格家居中的墙面装饰,它具有鲜明的棱角,线条感更强。硬包的造型多会以简洁的几何图形为主,例如正方形、长方形、菱形等,偶尔也会用一些不规则的多边形。

硬包的棱角分明,带有一份硬朗的美感。

🎓 硬包预览档案

分　类		特　点	材　质	参考价格
皮革硬包		棱角分明,立体感强	以木工板或高密度板作为基层造型,再用真皮或人造革进行饰面装饰	根据面积大小及面料材质的不同议价
无纹理硬包		表面纹理并不突出,通过材质本身的触感、色彩与硬包造型的搭配,来起到装饰效果	无纹理硬包的表面材质不仅限于皮革或布艺,还包括丝绸等一些高端面料材质	根据面积大小及面料材质的不同议价

实木雕花

实木雕花是将木材进行镂空雕刻、浮雕及格栅等造型，形成千变万化的图案纹样。常用木材有黑胡桃木、黄松木、红松木、白桦木、红樱桃木、紫檀木等。也可依据不同的要求进行刷白处理来协调空间色调。

实木雕花装饰的卧室床头墙，强化了空间低调、精致、淳朴的中式韵味。

〉实木雕花的特点

实木雕花工艺在传统中式风格中十分常见，彰显出独特的东方文化艺术底蕴。实木雕花通常分为实木浮雕和镂空雕花两种。前者更适合用于墙面、家具、门面等的装饰，后者最具有代表性的就是窗格或万字格等，可用于门扇、屏风、墙面、顶面的装饰。

〉实木雕花的养护

实木雕花的基材是实木，会因气候的变化出现变形、开裂等现象。通常来讲，实木雕花物件不宜放置在极潮湿或极干燥的室内。日常清洁时不宜用带水的毛巾擦拭，可经常用干棉布或掸子将表面灰尘掸去。如需保养时，可用刷子将上光蜡涂于表面，再用干抹布擦拭、抛光；还可以用纯棉毛巾蘸一些核桃油轻轻擦拭表面，也能够达到理想的养护效果。

← 将实木雕花作为空间的间隔，美观实用，为空间带来一份古朴的美感。

🎓 实木雕花预览档案

分类		特点	应用	参考价格
实木浮雕		做工精细，立体感强，具有低调的奢华感，多为原木色	适用于古典中式风格、古典美式风格、古典欧式风格的家具或墙面装饰	根据实际尺寸大小、雕刻工艺、基材等议价
木窗棂造型		中国传统的造型艺术，玲珑剔透，立体感较强，多以黑胡桃木、黄松木、红松木、白桦木、红樱桃木、紫檀木等实木为原料	可用于装饰顶面、墙面、隔断、家具等	根据实际尺寸大小、造型工艺、基材等议价
万字纹造型		万字纹是具有中国传统文化韵味的装饰纹样，有吉祥、万福和万寿之意，常见有圆形、方形两种，多以樱桃木、胡桃木、橡木、榉木等实木为原料	可用于装饰顶面、墙面、隔断、家具等	根据实际尺寸大小、造型工艺、基材等议价

PVC地板

PVC地板主要以聚氯乙烯为原料，加入填料、增塑剂、稳定剂、着色剂等辅料制作而成的地面装饰材料，花色多样，是一种装饰性强的轻型地面装饰材料。

〉PVC地板的特性

1. 装饰性强。PVC地板的花色品种丰富，如地毯纹、石材纹、木地板纹、草地纹等，纹路逼真美观，色彩丰富绚丽，可完全满足不同装饰风格的装饰需求。

2. 安装施工快捷，维护方便。PVC地板安装施工比较快捷，不用水泥砂浆，24小时后就可使用。易清洁，免维修，日常清洁时只需用湿抹布擦拭即可，省时省力。

3. 脚感舒适。PVC地板结构致密，表层和高弹性发泡垫层经无缝处理后，承托力强，保证脚感舒适，接近于地毯，非常适合有老年人和孩子的家庭使用。

无缝PVC地板装饰的地面，与墙面、顶面协调，使空间的整体氛围更温馨。

4.接缝小和无缝焊接。PVC地板采用热熔焊接处理，形成无缝连接，有效地避免了地砖缝多和容易受污染的弊病，起到防潮防尘、清洁卫生的效果。

5.环保安全。PVC地板使用的主要原料是聚氯乙烯材料和碳酸钙，PVC（聚氯乙烯）材料和碳酸钙均是环保无毒的可再生资源，不含甲醛、无毒、无辐射。

6.耐磨，耐刮，使用寿命长。PVC地板表面有一层特殊的经高科技加工的透明耐磨层，具有超强的耐磨性，抗冲击，不变形，可重复使用，使用寿命一般为20~30年。

⬆ 米色调的地面，搭配白色木质踢脚线，明快而带有一份温馨之感。

🎓 PVC地板预览档案

	特　点	应　用	参考价格
	安全环保，质轻，尺寸稳定;施工方便，花色图案多样，装饰效果好	适用于有老人和孩子的家庭使用	可根据实际面积议价

榻榻米

榻榻米主要是木质结构，面层多为蔺草，冬暖夏凉，具有良好的透气性和防潮性，有着很好的调节空气湿度的作用。榻榻米是传统日式家居中最经典的一种地面装饰，一年四季都可以铺在地上供人坐或卧。

〉榻榻米的功效

1. 榻榻米是天然环保产品，对人类的健康有绝对的益处。有利于儿童的生长发育及中老年人的腰脊椎保养，对于预防骨刺、风湿、脊椎弯曲等有一定的功效。

2. 榻榻米具有良好的透气性和防潮性，冬暖夏凉，具有调节空气湿度的作用。

3. 榻榻米草质柔韧、色泽淡绿，散发着自然的清香。用其铺设的房间，可以有效隔声、隔热。

◆ 蔺草面的榻榻米，搭配实木矮桌、靠背坐垫及茶具，营造出一个禅意十足的休闲空间。

🎓 榻榻米预览档案

材　质	特　点	参考价格
席面有蔺草面和纸席面两种，榻榻米芯多为稻草、无纺布、木纤维等填充物	薄厚均匀，弹性适中，透气性佳，冬暖夏凉，具有一定的保健功能	可根据实际面积议价

实战应用案例

[镜面带来简洁大气的美感]

客厅墙面两侧对称的车边镜面搭配白色护墙板，简洁大气；组合装饰画与镜面形成三点，保持平衡，彰显了空间搭配的平衡美感。

[大地色调的穿插呼应]

大地色调的客厅中,流露出沉稳、大气的美感,墙面软包在银镜线条的修饰下,既有层次感又带有一份时尚感;布艺沙发与软包保持同一色调,棕红色的木质家具、几何图案地毯,空间品质大大提升。

[石材与镜面带来的时尚与贵气]

客厅中采用现代家具和配饰来诠释现代风格的时尚与贵气;纯净洁白的花白大理石搭配大片银色镜面装饰的电视墙,洁净、通透,极富现代感。

[素雅贵气的现代美式客厅]

客厅以淡蓝色的布艺软包作为背景色,素雅恬静,缓解了棕色带来的沉稳感;黑色烤漆饰面的方形茶几与浅灰色单人座椅形成色彩的对比,材质及色彩拿捏得刚刚好,配上精致的工艺品,使整个空间尽显高贵和典雅。

[利用灯光凸显材料的质感]

深咖色软包搭配黑色烤漆边柜、黑色皮革沙发，严肃而理性；梦幻奢华的水晶吊灯是客厅装饰的亮点，璀璨的灯光，照射在墙面上，使软包及壁纸的质感更加突出，传达出现代风格时尚又内敛的理性风度。

[镜面与石材的碰撞]

餐厅中的家具厚重淳朴，自带贵气，造型简约的水晶吊灯，增添了空间的时尚品味；镜面与石材结合装饰的墙面，搭配明亮的光影，碰撞出奢华大气的美感。

[线条与镜面带来的简约与大气]

简洁、立体的空间设计，给人带来强烈的视觉冲击感；背景墙上的装饰线简约却不简单，与镜面的结合，恰如其分地诠释了空间简约、大气的美感。

[来自餐厅的奢华气场]

茶色镜面装饰的餐厅顶面，搭配创意十足的玻璃吊灯，亮色的灯光搭配茶色镜面，呈现的光影效果华丽而温馨；黑色圆形餐桌搭配米色布艺餐椅，餐具、花艺等饰品的点缀，奠定了空间的奢华气场。

[多元化材质让餐厅充满时尚]

餐厅的墙面设计选材十分多元化、素色壁纸、不锈钢收边条、烤漆玻璃，考究的细节，材质搭配舒适而和谐；家具的色调与烤漆玻璃的颜色相呼应，理性中夹杂着时尚气息。

[理性又温馨的睡眠空间]

硬包装饰的卧室墙层次感极佳，有效地缓解了大面积镜面带来的冷硬之感；软包靠背床、布艺床品、地毯等软装元素的搭配，打破了空间的理性，营造出一个色彩丰富又温暖的空间。

[经典的咖色系卧室]

咖色系的卧室，色彩稳重大方，这个空间围绕着咖啡色展开，浅咖色的软包背景墙搭配银色收边条，经典稳重，为空间带来的温暖视觉感是其他装饰材料望尘莫及的；深色的家具、地板与墙面形成深浅搭配，丰富了层次，平衡了色彩的视觉感。

[唯美纯真的古典卧室]

绒布饰面的软包与卧室中床、床尾凳等布艺家具的面料及颜色保持一致，光滑的绒布在灯光的衬托下，显得更加典雅奢华；白色护墙板与银镜，缓解了色调的单调感，为古典风格卧室增添了一份唯美纯真的卧室氛围。

[卡其色与棕色打造的都市现代感]

浅卡其色与棕色的搭配，彰显都市生活的现代感；软包与镜面组合装饰的卧室背景墙，优雅大气；深色衣柜搭配茶色玻璃，简洁稳重，与卧室背景墙形成鲜明对比，让空间在视觉上更具有变化且丰富。

[简洁硬朗的现代中式书房]

中式风格书房采用了简洁、硬朗的直线条，直线的装饰不仅迎合了现代中式追求的内敛、质朴的美感，还满足了现代人追求简单生活的需求；深色调为主色的书房中，镜面与素色壁纸的运用，在色彩上提亮了整个空间。

[榻榻米式的休闲区]

将小型休闲室制作成榻榻米，日式懒人沙发、升降桌营造出一个质朴简约的空间，为小休闲室增添了一份温馨的气息。

[蔺草带来的自然气息]

蔺草饰面在黑色布艺收边条的修饰下，装饰效果更有层次，也让浅淡素雅的空间色彩更有层次；墙面素色的乳胶漆搭配白色木线条，清新、自然。

[安逸的日式生活情调]

榻榻米上低矮的实木茶几、日式懒人沙发，三两茶具，营造出一个禅意十足的日式风格空间，
整体造型简约，不需要太多华丽的装饰，便能展现出精致、安逸的生活情调。

[宁静的和风氛围居室]

百叶窗灵活而具有良好的遮光性，将强烈的光线隔绝，营造出一个温馨惬意的空间；日式榻榻
米上设计造型简单的升降桌、布艺坐垫，是营造宁静和风氛围的不二之选。

第七章　厨房装饰材料总汇

厨房是一个容易见脏的地方，所以装饰材料一定要易于清洁。另外，耐高温、抗变形、具有防火功能的材料也是选择厨房装饰材料应考虑的首选因素。

人造石台面

人造石是以天然石粉为原材料，再加入树脂制成。与天然石材相比，既保留了石材的质朴触感与硬度，同时表面没有细孔，具有耐脏易清洁的特点。

◀ 细颗粒的人造石台面，表面光滑细腻，搭配深茶色的橱柜，呈现的视觉感十分温馨。

〉人造石的优点

人造石有耐磨、耐酸、耐高温等特点。因为表面没有孔隙，油污、水渍不易渗入其中，因此抗污力强。此外，人造石的纹路虽然不像天然石材的纹路自然，但是可加工性强，无论是颜色还是纹路，都可以达到视觉上较一致的效果。

◀ 深色调的粗颗粒人造石，搭配实木橱柜，营造出一个淳朴、内敛的美式风格厨房。

白色台面呈现出简约、干净的视感,让使用者心情愉悦。

🎓 人造石预览档案

分 类	特 点	应 用	参考价格
中颗粒人造石	表面颗粒大小适中,光滑平整,硬度与天然石材相当,价格适中,应用广泛	可用于墙面、台面以及地面装饰	200~400元/平方米
细颗粒人造石	表面颗粒比中颗粒细一些,带有仿石材的精美花纹,价格比较高	可用于墙面、地面以及台面装饰	250~400元/平方米
极细颗粒人造石	表面没有明显的装饰纹路,其中蕴含的颗粒非常细小,层次感较弱,装饰效果十分简洁	可用于门、窗的护套,墙面、台面以及地面装饰	300~500元/平方米
天然颗粒人造石	含有贝壳、石子等天然物质,具有独特的装饰效果,产量少,价格高	可用于墙面、台面的装饰	400~600元/平方米

本书列出的价格仅供参考,实际售价请以市场现况为准

花岗石

花岗石具有质地坚硬致密、强度高、抗风化、耐腐蚀、耐磨损、吸水性低、花纹美丽、耐用等特点，是家居装饰中常用的材料。花岗石按色彩、花纹、光泽、结构和材质等因素，可分不同级次。按颜色可分为黑色系、棕色系、绿色系、灰白色系、浅红色系及深红色系等六类。

◀ 花岗岩台面的色泽温润，表面光滑洁净，奠定了厨房的古典基调。

〉花岗石的选购

1.观察外观。选择花岗石时，应观察外观是否存有裂纹、缺棱缺角、色线色斑、凹陷、翘曲、污点等缺陷。再观察石材表面的层理结构，一般来说，质量好的花岗石呈现均匀的晶粒结构，具有细腻的质感；而质量差的花岗石的晶粒粗细不均。

2.墨水检查。在选购花岗石时，可以在石材的背面滴一滴墨水，如果墨水很快地四处分散浸润，则表明石材的孔隙率较大，材质较疏松，吸水率较大，压缩强度较低；反之则说明石材结构致密，孔隙率较小，压缩强度较高。

3.查看检测报告。在选择花岗石时，应注意石材的放射性核素，一部分花岗石的放射性核素较高，不适用于家庭室内装修。而不同产地、不同矿场的花岗石其放射性核素也不相同，因此在选购时，应向经销商索要产品的放射性核素检验报告进行查看。

🎓 花岗石预览档案

分　类		特　点	应　用	参考价格
奥林匹克金		肉粉色掺杂少许枣红色颗粒，颜色柔和	一般用于地面、墙面、台面	350元/平方米
印度红		结构致密，色泽华贵，呈深枣红色	一般用于地面、墙面、台面	350元/平方米
蓝珍珠		带有蓝色片状晶体光彩，产量低、价格高	一般用于台面、墙面	450元/平方米
黄金麻		表面光洁度高，色泽温润，装饰效果好	一般用于地面、墙面、台面	350元/平方米
山西黑		纯黑发亮，表面光洁度高	一般用于地面、墙面、台面	500元/平方米
金钻麻		带有不同颜色的斑点，色泽艳丽	一般用于地面、墙面、台面	300元/平方米
珍珠白		颜色柔和素雅，产量低、价格高	一般用于地面、墙面、台面	450元/平方米
啡钻		颜色偏深，纹理独特	一般用于地面、墙面、台面	400元/平方米

本书列出的价格仅供参考，实际售价请以市场现况为准

整体橱柜

整体橱柜是指由橱柜、电器、燃气具、厨房四位一体组成的橱柜组合。整体橱柜的功能是将橱柜与操作台以及厨房电器和各种功能部件有机结合在一起，并按照厨房结构、面积以及家庭成员的个性化需求，通过整体配置、整体设计、整体施工，最后形成成套产品，实现厨房工作每一道操作程序的整体协调，并营造出良好的家庭氛围以及浓厚的生活气息。

〉橱柜门板的检验准则

橱柜门板类型较多，有防火板、实木板、烤漆板等，而对于不同的饰面板又有不同的检验标准。如封边类饰面板，要检查封边接口，若封边不牢，接口处"狗牙"多，则质量不好；无封边的饰面板，要检查整体平整度、光泽度和颜色，若表面不平整、无光泽或是颜色有差异，则说明柜门板质量较差。另外，还可从柜门板铰链孔处看使用的基材质量，如果基材为中纤板，则质量不好。

◀ 橱柜与台面的颜色形成对比，可让厨房看起来更有层次感，呈现的视感更加饱满。

🎓 整体橱柜预览档案

分　类	特　点	材　质	参考价格
实木橱柜	环保美观，纹路自然，给人返璞归真的感觉。无污染，质轻而硬，坚固耐用	高档实木橱柜材质有柚木、樱桃木、胡桃木、橡木、榉木；中低档有水曲柳、柞木、楸木、桦木、松木及泡桐木等	4000元/延米
三聚氰胺板橱柜	外观漂亮，可以任意仿制各种图案，表面平滑光洁，容易维护清洗。比天然木材更稳定，不会开裂、变形	以刨花板为基材，在表面覆盖三聚氰胺浸渍过的计算机图案装饰纸，用一定比例的黏合剂高温制成	1200元/延米
烤漆橱柜	形式多样，色泽鲜亮美观，有很强的视觉冲击力，表面光滑，易于清洗	分为UV烤漆、普通烤漆、钢琴烤漆、金属烤漆等	1500元/延米
防火板橱柜	表面色彩丰富，纹理美观，防火、防潮、防污、耐磨、耐酸碱、耐高温，易于清洁	采用硅质材料或钙质材料为主要原料，与一定比例的纤维材料、轻质骨料、黏合剂和化学添加剂混合而成	1600元/延米
吸塑橱柜	具有防水、防潮的功能，色彩丰富，木纹逼真，且门板表面光滑易清洁，没有杂乱的色彩和繁复的线条	将中密度板进行PVC膜压形成，有亮光和亚光两种	1500元/延米

本书列出的价格仅供参考，实际售价请以市场现况为准

＞橱柜台面布置方式

1. L形橱柜台面

　　L形厨房是一款实用的厨房设计，也是最常见的厨房设计，是小空间的理想选择。以这种方式在两面相连的墙之间划分工作区域，就能获得理想的工作三角。炉灶、水槽、消毒柜以及冰箱，每个工作站之间都留有操作台面，防止溅洒和物品太过拥挤。

2. 一字形橱柜台面

一字形橱柜就是将所有的电器和柜子都沿着一面墙放置，工作都在一直线上进行。这种紧凑、有效的窄厨房设计，适合中小家庭或者同一时间只有一个人在厨房工作的住房。如果是面积较大的厨房可以考虑使用双排连壁柜或增加连壁高柜，最大限度地利用墙面空间。

▲ 一字形橱柜，缓解小厨房的紧凑感。

3. U形橱柜台面

U形厨房方便取用每一件物品，可最大限度地利用空间进行烹饪和储物。两排相对的柜子之间须至少保持120厘米的间距，以确保有足够的空间，U形厨房适合空间大的厨房。

4. 岛台形橱柜台面

岛台形厨房有更多的操作台面和储物空间。这种设计需要有很大的厨房空间。厨柜与厨房岛之间至少要有120厘米的距离，以确保有足够的走动空间和柜门、抽屉开启的空间。

▲ U形橱柜充分利用厨房空间。

大户型的厨房设计成岛台形，可以增加厨房的休闲功能，让烹饪不再单调。

油烟机

油烟机是净化厨房环境的厨房电器，能将炉灶燃烧的废物和烹饪过程中产生的对人体有害的油烟迅速抽走，排出室外，减少污染，净化空气，并有防毒防爆的安全保障作用。

〉油烟机的选择

油烟机可以根据厨房面积和风格来进行选择。如：一字形厨房，油烟机与橱柜的外观相协调即可；U形厨房，油烟机需根据橱柜、厨具的整体外观、色调来调配；L形厨房，多极其简约，油烟机也可秉承简约风格进行选购。

◆ 好的油烟机为保持厨房空间的良好环境保驾护航。

〉油烟机的安装及养护

1.油烟机的安装高度一定要恰当，这样既能保证不碰头，又能保证抽油烟的效果。

2.为了避免油烟机噪声或振动过大、滴油、漏油等情况的发生，应定时对油烟机进行清洗，以免电动机、涡轮及油烟机内表面粘油过多。

3.在使用油烟机时要保持厨房内空气流通，这样能防止厨房内的空气形成负压，保证油烟机的抽吸能力。

4.最好不要擅自拆开油烟机进行清洗，因为电机一旦没装好，就不能保证抽油烟效果，且会增大噪声，最好请专业人员进行清洗。

🎓 油烟机预览档案

分类	特点	缺点
壁吸式油烟机	嵌入式外观,与橱柜搭配更完美;直吸式结构,低耗能环保电动机,动力强劲	价位较高
顶吸式油烟机	吸力强,吸油烟效果好	体积较大,不适合面积较小的厨房
侧吸式油烟机	美观,样式新颖且不容易碰头	吸力不强
下排式油烟机	整体式一机购全,节省空间;油烟吸除率高,设计符合人体工程学	价位较高

炉具面板

炉具面板款式多样，以玻璃面板质感最好，且易清理。但需要注意的是，玻璃炉具面板在熄火后不能马上清理，因为玻璃导热速度快，需退温后再进行清理。日常使用时要避免敲击玻璃面板，以防爆裂。除了玻璃面板外，常用的炉具面板还有不锈钢面板及陶瓷面板。

〉炉具面板的安装要则

炉具的安全性与炉具面板的承载性、炉具的尺寸等因素密不可分。在使用时要留意炉具含烹调物总重量勿超过18千克，同时，炉具直径也不要超过23厘米。因直径太大，火苗往锅沿延伸造成燃气燃烧不充分，有外泄危险。

▶ 黑色钢化玻璃的炉具面板，是目前厨房装饰最为常见的，美观大方，方便清洁。

🎓 炉具面板预览档案

分 类		特 点	参考价格
不锈钢炉具面板		有耐刷、耐高温及久用不易变形的优点，但颜色单调，难与整套厨具搭配，表面易留刮痕	双口炉具面板约800元
玻璃炉具面板		手感好，可选颜色多，易清洁，导热快，熄火后不宜马上清洁，厚度不应小于8毫米	双口炉具面板约1000元

本书列出的价格仅供参考，实际售价请以市场现况为准

水槽

厨房水槽按材料不同可分为铸铁搪瓷、陶瓷、不锈钢、人造石、钢板珐琅等，按款式可分单盆、双盆、大小双盆、异形双盆等。其中以不锈钢水槽最为常见，不仅因为不锈钢材质表现出来的金属质感颇有现代气息，更重要的是不锈钢易于清洁，面板薄，重量轻，而且还具备耐腐蚀、耐高温、耐潮湿等优点。

〉不锈钢水槽的选购

1.选购不锈钢水槽时，先看不锈钢材料的厚度，以0.8~1.2毫米厚度为宜，过薄影响水槽的使用寿命和强度，过厚则会失去不锈钢的弹性，清洗中容易损伤陶瓷类餐具。

2.再看表面处理工艺，高光的光洁度高，但容易刮划；砂光的耐磨损，却易聚集污垢；亚光的既有高光的光洁度，也有砂光的耐久性，一般应用较多。

3.使用不锈钢水槽，表面容易被刮划，所以其表面最好经过拉丝、磨砂等特殊处理，这样既能经受住反复磨损，也更耐污，清洗方便。

🎓 不锈钢水槽预览档案

 单槽水槽		单槽水槽比较适用于面积较小的厨房，其缺点是体积小，只能满足最基本的清洁功能
 双槽水槽		双槽水槽是最常见的，只要不是过于狭小的厨房空间，都可以选用
  三槽水槽		三槽水槽多为异形设计，比较适合大厨房使用，可以同时兼具清洗、浸泡与收纳存放等功能

实战应用案例

[浅色调打造温馨雅致的厨房]

厨房的设计以浅色为主,给人一种干净整洁的感觉;窗帘与地砖的色调形成呼应,没有华丽的装饰,却营造出一个温馨雅致的空间氛围。

[细节点缀美好生活]

厨房选用白色实木整体橱柜搭配浅咖色台面,干净整洁;精美的厨具、花艺点缀出一个别有韵味的烹饪空间。

[经典、简洁的厨房]

厨房呈经典的一字形,采用经典的白色,打造出一个干净、整洁的空间;利用橱柜上的五金、厨具等元素来进行色彩点缀,整体的感觉和谐而不单调。

[古朴的L形厨房]

L形的厨房,整洁实用,墙面米色调的墙砖,温馨而雅致,搭配浅棕色实木整体橱柜,色彩过渡和谐,呈现出一份古朴雅致的视觉感。

[小空间里的一字形厨房]

开放式厨房最好选择一字形的整体橱柜，这样可以释放更多的实用空间；木色与白色搭配的橱柜与餐桌椅及地板的色调保持一致，达到了风格的统一；墙面充满创意及个性的花砖，让烹饪不只是工作，也可以是一种生活的美妙享受。

[简洁雅致的厨房]

厨房搭配简洁雅致，墙面采用玻璃马赛克作为装饰，橱柜和台面选用白色系，简洁而不失大气；墙面的玻璃马赛克与橱柜上的黑色线条增添了厨房的设计感。

[实用的U形厨房]

U形厨房的实用面积相对较大，橱柜选用木色与白色两种色彩进行搭配，上浅下深，让空间的重心更加稳固；深灰色地砖采用工字形拼贴的方式进行铺装，在白色填缝剂的勾勒下显得更加出彩，为厨房带来一份时尚感。

[白色调的现代厨房]

厨房空间简约时尚，墙面采用花白色墙砖，配以白色烤漆橱柜，白色石膏板吊顶搭配白色筒灯，既赋予了空间层次感，又让厨房极具时尚感。

[灰白色纹理带来的层次感]

灰白纹理的墙砖为设计简洁的厨房带来现代时尚感，搭配木色整体橱柜及白色台面，彰显出现代风格理性而内敛的美感。

[简约大气的灰白基调]

宽敞明亮的厨房保证了使用的舒适度。白色烤漆橱柜设计造型简约大气，高级灰的墙砖光亮洁净，两者搭配使整个厨房呈现出高级、时尚的视觉感。

[金属与木材的碰撞]

不锈钢台面搭配原木色橱柜,两者在色彩与质感上形成鲜明的对比,同时也在视觉上互相调和;搭配浅灰白色调的墙砖,使厨房的整体感觉硬朗中带有一丝温润柔和的感觉。

[细节成就愉悦的烹饪空间]

厨房应是一个让人保持心情愉悦的空间,浅浅的蓝色墙漆搭配白色实木橱柜,给人呈现的视觉感十分清爽而明快;原木色地板上一张蓝色带有海洋元素图案的地毯,顿时使烹饪变成一种美妙的享受。

[U形厨房设计]

白色实木橱柜实用美观,搭配黑色台面,色彩对比明快而活跃;黑白撞色的地砖与之呼应,恰到好处的过渡,让空间重心更加稳定;再利用一些挂饰和花草点缀,厨房呈现清新亮丽的质感。

[木色的简约与唯美]

木纹饰面的整体橱柜搭配米色台面,让厨房的整体感觉充满温馨格调,橱柜的设计造型十分简约,以实用为主,体现了现代风格家具的特点;简洁通透的白色墙砖的运用,提升了空间的整体色彩层次,缓解了同色调的单调感。

[深色橱柜的大气之美]

厨房的色彩偏重,深色实木橱柜,色泽纯正、简约大气;墙面与地砖均采用灰白色调的墙砖,整体带来粗犷的后现代美感。

[原木色与白色营造的自然气息]

厨房空间开阔,拥有良好的采光,以温润的木色为主色,也不会显得沉闷;原木色的橱柜与地板保持一致,搭配白色墙面,使空间的整体氛围和谐中流露出自然的气息。

[经典美式厨房]

厨房延续了餐厅的整体设计感, 墙面采用米色网纹墙砖, 纹理清晰; 经典的美式白色橱柜、深咖啡色的台面, 营造出典雅温馨的氛围, 彰显了现代美式生活的从容与精致。

[简洁实用的现代厨房]

厨房在结构设计上摒弃了所有不需要的复杂装饰, 简洁的橱柜、洁白的台面, 整体给人一种干净整洁的视感; 墙面的白色墙砖隐约中带着浅灰色网纹, 若隐若现的纹理, 缓解了白色的单一。

炭化合板

炭化合板是炭化薄木片经过高压压制而成，木料经过高温炭化，不易受虫蛀，采用热塑性聚合树脂黏合，异于传统胶合板采用的含水黏胶，更加抗潮湿，不易变形。

〉炭化合板的优点

炭化合板与一般的板材相比，耐久性更强。因为炭化合板经过炭化后，具备了抗虫功效，木料不易因受潮而变形、开裂。黏合剂为受热熔化的特殊树脂，经过高温高压黏合定型，不会因为空气的湿度及温度变化而受到影响，既提升了耐久性，又增强了环保性。

◀ 炭化合板装饰的洗漱间台面，具有温润触感及视感，给人带来一份淳朴、自然的韵味。

🎓 炭化合板与一般合板的比较预览

分　类	特　点	参考价格
炭化合板	无甲醛；合板用胶为热塑性聚合树脂；抗潮湿、不易变形	100~500元/片
一般合板	甲醛含量不定；合板用胶为水性胶；黏胶不稳定，会因为气温、湿度变化而变质	80~200元/片

本书列出的价格仅供参考，实际售价请以市场现况为准

桑拿板

桑拿板是卫浴间的专用板材，一般选材于进口松木类和南洋硬木，经过高温脱脂处理，使其具有防水、防腐、耐高温、不易变形等优点。

›桑拿板的常见基材

常见的桑拿板材质主要有红雪松、樟子松等。红雪松桑拿板无节疤，纹理清晰，色泽光亮，质感好，做工精细；樟子松桑拿板则是目前市场上最流行的产品，价格低，质感好；吉红雪松桑拿板尺寸稳定，不易变形，加之有天然的芳香，最适合建造桑拿房。其中，红雪松是一种天然防腐木材，不经过任何处理，具有防腐、防霉、防腐烂的功能。

◆ 桑拿板装饰的卫浴间，淳朴、自然，色调十分柔和。

桑拿板预览档案

材质特点	应 用	参考价格
主要采用红雪松、樟子松、吉红雪松等为原材料经过高温脱脂，板材不易变形，易安装	除了用于桑拿房外，还可用作卫浴间、阳台的吊顶、墙面装饰	40~60元/平方米（不含安装费）

本书列出的价格仅供参考，实际售价请以市场现况为准

浴缸

浴缸并不是居室必备的洁具，适合摆放在面积比较宽敞的卫浴间中。但浴缸确是浴室中不可忽视的单品，不仅可以使人们缓解疲劳，还可以为生活增添情趣。

〉浴缸的选用准则

要选择一个合适的浴缸，最需要考虑的不仅包括其形状和款式，还有舒适度、摆放位置、水龙头种类，以及材料质地和制造厂商等。同时要考虑浴缸的深度、宽度、长度和围线。例如有矮边设计的浴缸，是为老人和伤残人而设计的，小小的翻边和内壁倾角，让使用者能自由出入。还有易于操作控制的水龙头，以及不同形状和尺寸的周边扶手设计，均为方便进出浴缸而设。

⟩浴缸的选购常识

1. 水容量：一般满水容量在230~320升。入浴时水要没肩。浴缸过小，人在其中蜷缩着不舒服，过大则有漂浮不稳定感。

2. 光泽度：通过看表面光泽了解材质的优劣，适于检验任何一种材质的浴缸。

3. 平滑度：手摸表面是否光滑，适用于钢板和铸铁浴缸，因为这两种浴缸都需镀搪瓷，镀的工艺不好会出现细微的波纹。

4. 牢固度：浴缸的牢固度关系到材料的质量和厚度，目测是看不出来的，需要亲自试一试，可以通过手按、脚踩测试牢固度。

🎓 浴缸预览档案

分 类		特 点	材 质	参考价格
亚克力浴缸		造型丰富、重量轻，表面光洁度好，价格经济实惠，且材料热传递很慢，因此保温效果良好	表面为聚丙酸甲酯，背面采用树脂石膏加玻璃纤维	约2000元/个
实木浴缸		结构紧密、结实耐用，给人以亲近自然的感觉	选择木质硬、密度大、防腐性能佳的材质，例如：云杉、橡木、香柏木等	约5000元/个
铸铁浴缸		坚固耐用，使用寿命很长，易清洗、耐酸碱、耐磨性能强，但是铸铁浴缸的自身重量非常大，安装与搬运比较难	采用铸铁制造，表面覆搪瓷	约6000元/个
钢板浴缸		钢板浴缸不易黏附污物，耐磨损、易清洁，但是相比铸铁浴缸与亚克力浴缸，钢板浴缸的保温效果要略低一些	用一定厚度的钢板制作成型后，再在表面镀搪瓷	约5000元/个

本书列出的价格仅供参考，实际售价请以市场现况为准

淋浴房

淋浴房可以划分出独立的淋浴空间，能有效地将卫浴间做到干湿分区，方便清洁的同时还能使卫浴间更加整洁，十分适用于卫浴间面积小的家庭使用。

〉淋浴房选购注意事项

1. 看板材。淋浴房所使用的主要板材是钢化玻璃。选购时应先观察玻璃的表面是否通透，有无杂点、气泡等；其次是要注意玻璃的厚度，至少要达到5毫米。

2. 检查防水性。淋浴房的密封胶条的密封性要好，才能起到防水的作用。

3. 看五金。淋浴房门的拉手、拉杆、合页、滑轮及铰链等配件是不可忽视的细节，这些配件的好坏将直接影响淋浴房的正常使用。

4. 看铝材。如果淋浴房铝材的硬度和厚度不够，淋浴房使用寿命将会很短。合格的淋浴房铝材厚度均在1.5毫米以上；同时还要注意铝材表面是否光滑、有无色差和砂眼以及表面光洁度情况。

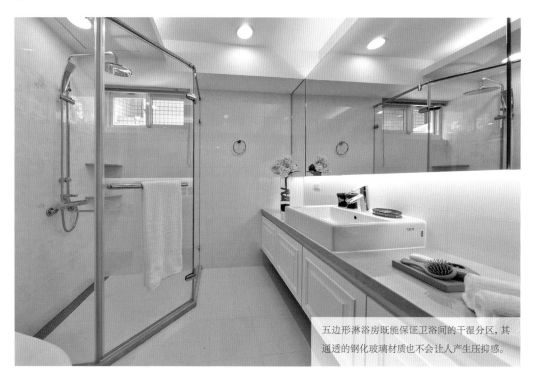

五边形淋浴房既能保证卫浴间的干湿分区，其通透的钢化玻璃材质也不会让人产生压抑感。

🎓 淋浴房预览档案

分 类	特 点	参考价格
一字形淋浴房	适合大部分浴室使用,不占面积,造型简单	3000元/个(根据定制面积不同,成品造价不同)
直角形淋浴房	直角形淋浴房适用于面积宽敞一些的浴室中	3000元/个(根据定制面积不同,成品造价不同)
五角形淋浴房	相比直角形淋浴房,五角形淋浴房更加节省空间,十分适用于小面积的浴室空间	3000元/个(根据定制面积不同,成品造价不同)
圆弧形淋浴房	曲线造型的外观更加节省空间,安装价格相对比较高	3000元/个(根据定制面积不同,成品造价不同)

本书列出的价格仅供参考,实际售价请以市场现况为准

面盆

面盆的种类、款式、造型非常丰富，按材质可分为玻璃面盆、不锈钢面盆、陶瓷面盆等；按造型可分为台上盆、台下盆、立柱盆和挂盆等。

〉选购面盆的注意事项

1. 面盆的深浅要适宜。面盆太浅，在使用时容易水花四溅；面盆太深，则容易造成使用不便。

2. 面盆的款式是否与浴室风格相协调。尽量不要选择造型太过花哨的面盆，建议从性能、浴室面积、浴室风格、性价比等诸多方面进行综合考虑。

3. 应侧重考虑浴室的面积大小。如果卫浴间的面积小，则适合选择立柱盆、挂盆；如果卫浴间面积足够大，则可以选择各种造型的面盆。

面盆的材质分类预览档案

陶瓷面盆以其经济实惠、易清洗的特点深入人心，是最为常见的面盆之一。陶瓷面盆的造型可选性也相对广泛，圆形、半圆形、方形、三角形、不规则形状等造型的面盆随处可见。由于陶瓷技术的不断发展，陶瓷面盆的颜色也不再仅限于白色，各种色彩缤纷的艺术陶瓷面盆也纷纷出现

不锈钢面盆是以厚材质的不锈钢为原材料制造而成的，面盆表面有进行磨砂镀层处理与镜面镀层处理两种工艺。不锈钢面盆最突出的特点就是结实耐用、容易清洁，但是相对价格也比较高。在选择不锈钢面盆时，最好能与卫浴间内其他钢质配件相互搭配，以体现出装修风格的整体感

玻璃面盆时尚、现代，色彩与款式是其他材质面盆无法比拟的，同时它还具有晶莹剔透的美感，深受当下年轻人的喜爱。在选择玻璃面盆时，最应该注意的是面盆壁的厚度，最好选择19毫米壁厚的产品，它的耐热度可以达到80℃左右，耐冲击性与耐破损性也比较好

台面与面盆的一体式设计，美观大方，又有助于日常清洁。

🎓 面盆造型预览档案

分　类	特　点	材　质	参考价格
台上面盆	安装在洗手台表面上的面盆，安装方便，便于收纳一些洗漱物品	有陶瓷、不锈钢、玻璃等多种材质	350元/个
台下面盆	易清洗，更加节省洗手台的空间，安装前应在台面上预留位置，尺寸的大小一定要与面盆吻合，否则会影响美观	有陶瓷、不锈钢、玻璃等多种材质	350元/个
立柱面盆	整个面盆以立柱为支撑，节省空间且造型优美，非常适合小卫浴间使用	有陶瓷、不锈钢、玻璃等多种材质	350元/个
壁挂面盆	一种比较节省空间的面盆类型，适合入墙式排水系统的卫浴间使用	有陶瓷、不锈钢、玻璃等多种材质	200元/个

本书列出的价格仅供参考，实际售价请以市场现况为准

坐便器

坐便器是所有洁具中使用频率最高的，它的质量好坏，直接关系生活的品质。同时，坐便器的价位跨度也非常大，从百元到千元甚至万元不等，主要由设计品牌与做工精细度来决定。

〉坐便器的造型分类

连体式

连体式坐便器是指将水箱与座体设计在一起，造型美观，安装方便，一体成型，是市面上十分常见的一种坐便器设计造型。

壁挂式

壁挂式坐便器是将水箱嵌入墙壁里面，而座体则是悬挂在墙壁外面，通过电子感应系统或按钮进行冲水，水箱不外露是此类坐便器最大的特点。此外，由于壁挂式坐便器是悬挂在墙壁上的，相比传统的连体式坐便器，地面没有死角，不容易藏垢，是近几年来新流行的一种坐便器款式。

坐便器的颜色以百搭的白色居多，适合用于各种风格的卫浴间，在使用时还可以选择搭配不同颜色或款式的坐便套进行装饰。

〉坐便器的冲水原理分类

直冲式

直冲式坐便器是利用水流的冲力来排除脏污，具有池壁陡、存水面积小、冲污效率高的优点。直冲式坐便器最大的缺点是冲水声音大，容易出现结垢，防臭功能不如虹吸式坐便器。

虹吸式

虹吸式坐便器的排水结构管道呈S形(倒S形)，在排水管道充满水后，便会产生水位差，借助水在坐便器的排污管内产生的吸力将脏污带走，池内存水量大，冲水声音小。虹吸式坐便器可分为旋涡式虹吸与喷射式虹吸两种。虹吸式坐便器的防臭功能比直冲式坐便器要好，但是不如直冲式坐便器省水。

🎓 坐便器样式预览档案

分 类		特 点	参考价格
连体式		水箱与座体合二为一，安装方便、造型美观	1000元/个
壁挂式		水箱零件隐藏在墙壁里，坐便器悬挂于壁面，节省空间，清洁无死角，可连续冲水	3000元/个

本书列出的价格仅供参考，实际售价请以市场现况为准

花洒

花洒是淋浴用的喷头，是浴室中使用率最高的配件之一。花洒的质量直接关系洗澡的畅快程度，选购合适的花洒成为浴室装修十分重要的一个环节。

〉花洒的选购

选择花洒时首先要看出水，在挑选时让花洒倾斜出水，如果最顶部的喷孔出水明显小或没有，说明花洒的内部设计很一般；其次看镀层和阀芯，一般来说，花洒表面越光亮细腻，镀层的质量就越好，好的阀芯顺滑、耐磨；最后，花洒配件会直接影响其使用的舒适度，也需格外留意。

🎓 花洒预览档案

分　类	特　点	参考价格
手提式花洒	可以将花洒握在手中随意冲淋，靠花洒支架进行固定	180元/个
头顶花洒	花洒头固定在头顶位置，支架入墙，不具备升降功能，不过花洒头上有一个活动小球，用来调节出水的角度，活动角度比较灵活	180元/个
体位花洒	花洒暗藏在墙中，对身体进行侧喷，有多种安装位置和喷水角度，起清洁、按摩作用	180元/个

本书列出的价格仅供参考，实际售价请以市场现况为准

实战应用案例

[镜面让卫浴间整洁通透]

钢化玻璃淋浴房将卫生间设置成干湿分区，增强了卫浴间使用的便捷性，大面积的镜面也在视觉上形成一定的扩充性，改善了空间的局促感。

[清新复古的小卫浴间]

卫浴间整体看起来十分的清爽复古，精致的水晶吊灯、墙饰在淡绿的背景色下显得更有品味；复古图案的地砖是整个空间装饰的亮点，带来浓郁的复古韵味。

[富有创意的地中海风格]

卫浴间干湿分离，把洗漱台从卫浴间中解放出来，墙面采用墙漆与瓷砖拼贴的方式进行装饰，十分有创意感；色彩斑斓的吊灯与射灯搭配，使整个空间十分明亮，呈现出浓烈的地中海风格的韵味。

[清爽又活力的卫浴间]

干湿分区的卫浴间中，墙面装饰保持统一，黑白色调的马赛克搭配蓝色釉面砖，清爽而富有活力；米色网纹台面上，一只纯白色面盆、精致的花艺与饰品，散发出海洋般的气息。

[干净温馨的大户型卫浴间]

卫浴间的干湿分离通过半隔墙和钢化玻璃淋浴房来实现，不破坏空间感，创意十足；米色防水墙漆与浅咖色网纹墙砖相搭配，干净温馨。

[干净整洁的现代风格卫浴间]

黑白基调的卫浴间，散发着十足的时尚气息，简洁通透的装饰材料，呈现出干净、硬朗的现代美感，明快的黑白对比也让视觉效果更有冲击力。

[利用白色洁具缓解色调的单一]

深啡网纹墙砖装饰的卫浴间，给人的整体感觉低调而内敛；白色洁具的搭配，缓解了深色调的沉闷感；精美的花艺则点缀出生活的情趣，为空间增添了一份自然、温馨的视感。

[白色巧用，让小空间更大]

素白的墙砖在黑色填缝剂的勾勒下，显得更有层次感，装饰效果更饱满，也在视觉上为小空间带来了一定的扩张感；黑色洗漱柜则使空间的重心更加稳固，黑白对比的色调也更显明快。

[清爽、自然的卫浴空间]

绿色花砖与白色墙砖的搭配，给人呈现的视觉效果清爽、自然，大量的白色让小浴室看起来更简洁、干净；地面灰白色调的花砖与绿色花砖一起缓解了白色的硬冷和单调。

[腰线让墙面设计更有层次]

卫浴间采用了比较长线的腰线式设计，整墙统一的米色墙砖，中间采用陶瓷马赛克作为装饰腰线，使墙面的设计更有层次；淋浴房采用钢化玻璃作为间隔，呈现出干净整洁的效果。

[小空间的复古感]

卫浴间布局紧凑,大台盆柜实用大气;浴室镜在视觉上扩大了空间,镜前的古典风格吊灯映衬其中,高档时尚;墙面色彩斑斓的彩色釉面砖,让浴室散发着淡淡的复古韵味。

[以米色、白色为主色调的卫浴间]

卫浴间整体以米色和白色为主,米色木纹砖装饰的墙面、地面,使浴室的整体氛围十分温馨,搭配白色台面和洁具,所呈现的视觉感简洁、干净;镜面的黑色边框则成为空间最亮眼的点缀,有效地缓解了空间色彩的单一感。

第九章　门窗及配件

家庭装修中,门窗及其配件的选择不容小
觑。门窗的选择应注重产品的防风性、水密
性、气密性等;五金配件则以手感厚实、表
面保护层致密、有光泽、没有划痕的为佳。

防盗门

防盗门作为入户门,是守护家居安全的一道屏障,所以应首先注重其防盗性能。其次,防盗门还应该具备较好的隔声性能,以隔绝室外的噪声。防盗门的安全性与其材质、厚度及锁的质量有关,隔声性则取决于其密封程度。

→ 门的颜色及样式选择,应与室内的装饰风格相协调。

防盗门的结构分类预览档案

栅栏式防盗门	较为常见的一种由钢管焊接而成的防盗门,它的最大优点是通风、轻便、造型美观,且价格相对较低。该防盗门上半部为栅栏式钢管或钢盘,下半部为冷轧钢板,采用多锁点锁定,保证了防盗门的防撬能力。
实体式防盗门	采用冷轧钢板挤压而成,门板全部为钢板,钢板的厚度多为1.2毫米和1.5毫米,耐冲击力强。门扇双层钢板内填充岩棉保温防火材料,具有防盗、防火、绝热、隔声等功能。一般实体式防盗门都安装有猫眼、门铃等设施。
复合式防盗门	由实体门与栅栏式防盗门组合而成,具有防盗、隔声,夏季防蝇蚊、通风纳凉和冬季保暖的特点。

↑ 白色门板与室内家具形成呼应，让室内搭配效果更加和谐统一，整体基调更加温馨舒适。

🎓 防盗门材质分类预览档案

分　类		特　点	参考价格
钢质防盗门		钢质防盗门是市场上最常见的防盗门，造型单一，价格较低	1000元/扇
钢木门		颜色、木材、线条、图案丰富，是一种可以定制的防盗门，防盗性能通过中间的钢板来达到	1000元/扇
不锈钢防盗门		坚固耐用，安全性更高，有银白色、黄钛金、玫瑰金、红钛金、黑钛金、玫瑰红等多种颜色可选	1000元/扇
铜质防盗门		防火、防腐、防撬、防尘，从材质上讲，铜质防盗门是最好的，从价格上讲，它也是最贵的	每扇达万元以上，最贵可达数十万元

本书列出的价格仅供参考，实际售价请以市场现况为准

实木门

实木门取原木为主材做门芯，烘干处理后经过下料、抛光、开榫、打眼等工序加工而成。实木门具有不变形、耐腐蚀、隔热保温、无裂纹、吸声、隔声等特点。常见的实木门有全木、半玻、全玻三种款式。实木门给人以稳重、高雅的感觉，多会选用比较名贵的胡桃木、柚木、沙比利、红橡木、花梨木等作为原材料，因此价格也较为昂贵。

〉实木门的选购

1. 检验涂装质量。触摸感受漆膜的丰满度，漆膜丰满说明涂装的质量好，对木材的封闭也有保障；站到门面斜侧方的反光角度，看表面的漆膜是否平整，有无橘皮现象，有无凸起的细小颗粒。如果橘皮现象明显，则说明漆膜烘烤工艺不过关。对于花式造型门，还要看产生造型的线条的边缘，尤其是阴角处有没有漆膜开裂的现象。

2. 看表面的平整度。如果木门表面的平整度不够，则说明选用的板材比较廉价，环保性能也很难达标。

3. 看五金件。尽量不要自行另购五金件，如果厂家实在不能提供合意的五金件，一定要选择质量有保障的五金件。

↑ 纯白色的实木门，通过简约的线条装饰，让门面看起来更有立体感。

🌸 实木门预览档案

材　质	特　点	参考价格
沙比利、红橡木、花梨木、樱桃木、胡桃木、柚木等实木	不变形、耐腐蚀、隔热保温、吸声、隔声	3000元/扇

本书列出的价格仅供参考，实际售价请以市场现况为准

实木复合门

实木复合门的门芯多以松木、杉木或进口填充材料等黏合而成，外贴密度板和实木木皮，经高温热压后制成，并用实木线条封边。实木复合门重量较轻，不易变形、开裂。此外还具有保温、耐冲击、阻燃等特性，隔声效果与实木门基本相同。

〉实木复合门的结构

优质实木复合门从内部结构上可分为平板结构和实木结构(含拼板结构、嵌板结构)两大类。

平板结构门的外形简洁，现代感强，材质选择范围广，色彩丰富，可塑性强，易清洁，价格适宜，但视觉冲击力偏弱。

实木结构门的外观线条立体感更强，造型突出、厚重，彰显文化品质，属于传统工艺生产，做工精良，结构稳定，但造价偏高。

〉实木复合门的选购

1.在选购实木复合门时要注意查看门扇内的填充物是否饱满。

2.要观察门边刨修的木条与内框连接是否牢固,面板与门框的粘贴是否牢固,有无翘边和缝隙等。

3.查看面板的平整度,有无裂纹及腐斑,木纹是否清晰,纹理是否美观等。

🎓 实木复合门预览档案

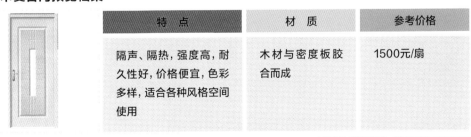

	特　点	材　质	参考价格
	隔声、隔热,强度高,耐久性好,价格便宜,色彩多样,适合各种风格空间使用	木材与密度板胶合而成	1500元/扇

本书列出的价格仅供参考,实际售价请以市场现况为准

玻璃推拉门

推拉门相当于活动的间隔，同时兼具开放空间与间隔的双重功能，玻璃推拉门具有视觉通透、放大空间面积的作用。玻璃推拉门多以铝合金作为框架，质地十分轻盈。在玻璃的材质选择上，从透明的清玻璃，到半透明的磨砂玻璃，或是装饰效果极佳的艺术玻璃、烤漆玻璃等，都能展现出不一样的装饰效果。

〉玻璃推拉门的门框种类

1. 铝合金框体的门具有框硬、质轻、伸缩性好等特点。颜色、款式比较单一，多用于相对隐形的空间，如衣帽间、储物间以及淋浴房。

2. 木结构的推拉门装饰效果极佳，可以融入大量的装饰元素，如窗棂、雕花等造型设计，多用于室内空间的间隔区分，如推拉式屏风等。

玻璃推拉门灵活通透，有效地划分空间区域。

〉玻璃推拉门的固定方式

1.悬吊式

悬吊式推拉门由于是在吊顶内置入轴心,因此对吊顶的承重要求比较高,如果是硅酸钙板或水泥板的吊顶,需要在板面上装置厚度不小于1.8厘米的木材角料,以此来增加承重力。悬吊式推拉门是将轨道隐藏在吊顶内,因此需要在装修前就进行安装;若是装修后才考虑安装推拉门,则需要拆除吊顶,进行二次施工,成本十分高。

2.落地式

落地式推拉门相比悬吊式推拉门更加稳固,对地面水平度要求很高,若地面不平整,则会影响施工效果。落地式推拉门需将轨道留在地面,一旦收起推拉门时,轨道将会露出,对于整体的装饰效果有一定的影响。

🎓 玻璃推拉门预览档案

作　用	参考价格
根据使用玻璃品种的不同,可以起到分隔空间、遮挡视线、增加私密性、增加空间使用弹性等	300元/平方米

本书列出的价格仅供参考,实际售价请以市场现况为准

折叠门

折叠门为多扇折叠，适用于各种大小洞口，尤其是宽度很大的洞口，如阳台。安装折叠门可以通过门的折叠或开放，将一个开放的空间保持独立，能够有效调节空间的使用面积，价格要比推拉门的造价高，五金结构复杂，安装要求更高。

＞折叠门的选购

选择折叠门时，先要考虑款式和色彩应同居室风格相协调。选定款式后，可进行质量检验。最简单的方法是用手触摸，并通过侧光观察来检验门框的质量。可用手摸门的边框、面板、拐角处，品质佳的产品没有刮擦感，手感柔和细腻。站在门的侧面迎光看门板，面层没有明显的凹凸感。

◀ 折叠门的运用，划分空间区域的同时也缓解了小空间的紧凑感。

🎓 折叠门预览档案

特　点	结　构	参考价格
装饰效果好，节省空间，使用方便	铝合金框架、不锈钢五金配件、PVC气密压条	1500~3500元/平方米

本书列出的价格仅供参考，实际售价请以市场现况为准

模压门

　　模压门是由两片带造型和仿真木纹的高密度纤维皮板经机械压制而成的。由于门板内是空心的，隔声效果相对实木门来说要差些。模压门的价格经济实惠，安全方便，因而受到大多数家庭的青睐。此外，模压门还具有防潮、膨胀系数小、抗变形的特性，不会出现表面龟裂和氧化变色等现象。

〉模压门的选购

　　在选购模压门时，首先应观察模压门的面板是否平整、洁净，有无节疤、虫眼、裂纹及腐斑等现象，优质模压门的表面木纹清晰，纹理美观。其次，模压门的贴面板与框体连接应牢固，无翘边、无裂缝。内框横、竖龙骨排列符合设计要求，安装合页处应有横向龙骨。最后，还需要根据使用空间的不同来选择不同款式的门。例如，卧室门，首先要考虑私密性，其次要考虑所营造的氛围，多数会采用透光性弱且坚实的门型，如镶有磨砂玻璃的、大方格式的、造型优雅的模压门。

◀ 门板的材质及颜色与地板、垭口、吊顶保持一致，让简洁的空间更有整体感。

🎓 模压门预览档案

特　点	材　质	参考价格
价格低，防潮、膨胀系数小、抗变形，缺点是隔声效果差	高密度纤维板加木面贴皮	600元/扇

本书列出的价格仅供参考，实际售价请以市场现况为准

广角窗

　　广角窗是铝门窗材质搭配单层玻璃或双层玻璃制造而成的。广角窗的种类多样，有八角形、三角形、多边形、圆形等多种造型。广角窗的造型多变，增加室内空间的同时能让视觉更加宽阔。

＞广角窗的选购

　　在选购广角窗的时候，首先应该注意的是上下盖子是否为一体成型，是否有接缝；其次要注意玻璃、窗框的材质。广角窗突出的部分，会做上下盖，一体成型的上下盖为最佳，若能加强表面的防撞处理、发泡处理、膨胀处理，便更能保证其防水功能，还能减少噪声，达到气密、隔热的效果。

广角窗预览档案

类　型	功　能	参考价格
多为中间固定、两边可开启的形式，开窗形式有斜开或侧推	可作为花台或桌面，增加使用空间，相对普通窗户，视野更加开阔	1500~2500元/平方米

本书列出的价格仅供参考，实际售价请以市场现况为准

气密窗

气密窗几乎是每个家居空间装修中的基本配置，气密窗的好坏很难从表面直接看出来，必须通过其出厂证明及检验证明来了解气密窗的等级，从而鉴定其隔声效果。通常情况下，隔声在28dB以上的气密窗才能称为有隔声效果。

〉气密窗的玻璃选择

气密窗除了金属框架之外，大部分面积为玻璃，因此在玻璃的厚度选择上至关重要。玻璃的厚度决定了隔声性能的好坏。玻璃越厚，隔声效果也就相对越好。目前市场上玻璃的种类可以分为单层平板玻璃、胶合安全玻璃和双层玻璃。在厚度相同的情况下，胶合安全玻璃的隔声效果是最好的，因为胶合安全玻璃的两片玻璃中间有金属膜连接，声音的传递会因为金属膜而降低，因此，具有较好的隔声功能；双层玻璃就是由两层玻璃组成的，它的隔热效果很好，隔声效果要比单层玻璃好，但是不如胶合安全玻璃。

🎓 气密窗预览档案

窗框材质	塑钢窗框特点：强度高，不易变形；导热系数低，隔热保湿效果好
	铝制窗框特点：质地轻、坚韧，易加工，防水、隔声效果好
玻璃材质	胶合玻璃特点：由两片玻璃组成，中间以PVB（聚乙烯醇缩丁醛）树脂相结合，具有隔声、耐振、防盗等功能
	复层玻璃特点：复层玻璃中间有中空层，隔声、隔湿、保温效果好

百叶窗

百叶窗层层叠覆式的设计保证了家居的私密性。百叶窗封闭时就如多了一扇窗，能起到隔声隔热的作用。因此百叶窗具有造型简洁利落、可以灵活调节空间的光照强度、能够保证室内的隐私性、开合方便等特点。通常情况下，百叶窗按材质可分为塑料百叶窗与铝塑百叶窗。

〉百叶窗的选购方法

在选购百叶窗时，最好先触摸一下百叶窗的窗榥片，看其是否平滑，看看叶片是否有毛边。一般来说，质量优良的百叶窗在叶片细节方面处理得较好。若质感较好，那么它的使用寿命也会较长。需要结合室内环境来选择搭配协调的款式和颜色。同时还要结合使用空间的面积进行选择。如果百叶窗用来作为落地窗或者隔断，一般建议选择折叠百叶窗；如果作为分隔厨房与客厅空间的小窗户，建议选择平开式；如果是在卫浴间用来遮光的，可选择推拉式百叶窗。

🎓 百叶窗预览档案

分 类		特 点	应 用	参考价格
塑料百叶窗		塑料百叶窗的韧性较好，但是光泽度和亮度都比较差	在厨房、厕所等较阴暗和潮湿的小房间，宜选择塑料百叶窗	200元/平方米
铝塑百叶窗		铝塑百叶窗则易变色，但是不变形、隔热效果好、隐蔽性高	阳台、客厅、卧室等大房间则比较适合安装铝塑百叶窗	400元/平方米

本书列出的价格仅供参考，实际售价请以市场现况为准

折叠纱窗

纱窗的作用主要是防蚊、防虫，而且不影响室内的通风。折叠纱窗可以根据需求收入线轴内，十分节省空间。相比普通纱窗，折叠纱窗具有多种开窗方式，可视开窗面积的大小，设计成单道、双道或多道开窗方式。此外，折叠纱窗还可以加入不织布或塑料，来达到防水的功能。

〉隐形折叠纱窗的特点

1.造型美观，结构严谨。隐形折叠纱窗采用玻璃纤维纱网，边框型材为铝合金，其余的衔接配件全部采用PVC，分体装配，解决了传统纱窗与窗框之间缝隙太大、封闭不严的问题，使用起来安全美观且密封效果好。

2.使用、存储方便。轻轻一按卷帘隐形纱窗，窗纱可自动卷起或随窗而动；四季勿需拆卸，既便于纱窗的保存，延长了使用寿命，又节省了存储空间。

3.适用范围广。直接安装于窗框，木、钢、铝、塑门窗均可装配；耐腐蚀、强度高、抗老化，防火性能好，无需涂装着色。

4.纱网选用玻璃丝纤维，阻燃效果好。

5.具有防静电功能，不沾灰，透气良好。

6.透光性能好，具有真正意义上的隐形效果。

折叠纱窗预览档案

分 类	优 点	应 用	参考价格
滑道折叠纱窗	适合大面积开窗或落地窗使用	窗框宽带较宽，会占开窗面积	200元/平方米
滚筒式纱窗	拉动平顺不跳动，且收起无缝隙	易夹手	(进口)600元/平方米

本书列出的价格仅供参考，实际售价请以市场现况为准

隐形安全护网

隐形安全护网由49条不锈钢丝组成，承重力强，每条可以承受80kg的重量。隐形安全防护网不阻碍观景，但是并不具备防盗功能。

〉隐形安全护网的特点

隐形安全护网以不锈钢丝搭配铝合金轨道框架，直接固定在墙面或窗台上，钢丝具有不移位、不松脱的特点，而且使用寿命也很长。经过改良的隐形安全护网增加了报警装置，可以有效地弥补产品本身的不足。

🎓 隐形安全护网预览档案

特　点	材　质	参考价格
不改变建筑物的外观，不阻挡户外景色，防止儿童意外坠楼;窗台深度少于6厘米无法安装	直径为0.15厘米的不锈钢丝	350元/平方米

本书列出的价格仅供参考，实际售价请以市场现况为准

推拉门轨道

推拉门轨道是推拉门十分重要的配件。推拉门都非常重，因此要求轨道的质量一定要过关，否则会发生危险。

› 推拉门轨道的种类

1. 三推拉轨道

三推拉轨道适用于三扇门或以上的推拉门，能更有效地利用空间，达到良好的通风效果。适用于阳台、书房、花园等落地门场所，特别是室外空间较小的阳台。

2. 单推拉轨道

单推拉轨道具有第一内侧边框和第一外侧边框，第一内侧边框和第一外侧边框的上端部设置有钩体；其中靠近第一内侧边框的一侧设置有可供安装活动门扇的单轨道，而靠近第一外侧边框的一侧设置有可供容置压线的安装槽；该单轨道和安装槽之间设置有内腔。

› 滑轮的种类

滑轮是推拉门轨道中最重要的五金件。市场上的滑轮有金属滑轮和碳素玻璃纤维滑轮。金属滑轮强度大，但在与轨道接触时容易产生噪声。碳素玻璃纤维滑轮内含滚柱轴承，推拉顺滑，耐磨持久，盒式封闭结构有效防尘，更适合风沙大的北方地区，两个防跳装置确保滑行时安全可靠。

🌣 推拉门轨道预览档案

	特　点	作　用	参考价格
	三推拉轨道和单推拉轨道两种	固定推拉门扇，使其可以顺利推拉	约50元/米

本书列出的价格仅供参考，实际售价请以市场现况为准

门把手

门把手是不可或缺的门配件,它同时具备装饰性与功能性。通常情况下,门把手是不需要单独购买的,因为市面上所销售的门都会配门把手,但是由于门把手的使用率极高,很容易出现脱落、掉漆等现象。门把手按材质可分为陶瓷、实木、金属、玻璃、水晶、塑料、合金等门把手;按照造型可分为单孔球形、单孔条形或日式、中式、现代、欧式等。

〉门把手选择

在选择门把手时,可以根据所使用空间的功能进行选择。例如入户门一定要买结实、保险的门把手,而室内门则更注重美观、方便。此外,使用频率高的空间,应选择质量好并且开关次数有保证的门把手。门把手的选购还不能忽视健康的因素。比如卫浴间适合装铜把手,因为铜具有一定的灭菌作用,从抗菌角度来讲,铜把手比不锈钢把手更适合卫浴间使用。

门把手预览档案

分 类		特 点	参考价格
圆头门把手		旋转式开门,价格便宜	约30元/个
推拉门把手		按压式开门,此类门把手造型较多,价格因造型、材质等因素而变化	约80元/个
水平门把手		向内或向外平开门,带有内嵌式铰链	约30元/个

本书列出的价格仅供参考,实际售价请以市场现况为准

实战应用案例

[来自木地板的沉稳基调]

人字形铺装的木地板为淡色调空间带来一份淳朴、自然的味道，相对沉稳的木色也让空间的
重心更加稳固；阳台一面通透的玻璃推拉门，既不影响客厅的采光，又能保证阳台的独立性。

[现代美式风格简洁的白色]

现代美式风格居室中，以淡淡的奶白色作为空间的背景色，白色护墙板、百叶窗、地板、顶面，给人的视觉感受十分干净、整洁；大地色系的家具及布艺元素，以柔和沉稳的色彩缓解了白色的单一感，使空间的整体氛围简洁、柔和、淳朴。

[日式的简约美感]

大面积的玻璃推拉门将两个空间完美划分，布艺窗帘加强了两个空间的私密性；温润的木色、优雅的米白、高级的浅灰，整体空间的基调充满日式风格居室的和谐与舒适。

[落地窗造就的阳光房]

整面的落地窗使客厅的采光效果极佳，白漆纱质窗帘轻飘曼妙的质感，在阳光的衬托下更显飘逸，翠绿色与灰色的布艺窗帘与居室内的绿植、装饰画、家具在色彩上形成呼应，营造出一个清新浪漫的现代田园风格居室。

[浅棕色的现代客厅]

客厅以浅棕色为主，精心设计的电视墙采用镜面、石材与木饰面板组合装饰，设计布局十分对称；米色调布艺沙发搭配金属质感的茶几及边柜，散发着时尚、硬朗的现代气息。

[无主灯照明的卧室]

卧室采用的是无主灯的设计,主要光源是台灯和筒灯;墙面的浅茶色墙漆搭配白色护墙板,美观又有层次;木质家具和地板的颜色保持一致,体现了软、硬装搭配的协调性;卧室的飘窗搭配白色纱帘与茶色遮光帘,开阔的视野成为放飞心情的最佳场所。

[质朴实用的厨房]

厨房的功能齐全,呈L形布局,满足业主日常生活的基本需求;选择木色实木整体橱柜搭配白色台面,墙面和地面采用同一材质,流露出自然质朴之感。

第十章　电料总汇

家庭装饰中，灯具及其配件的选择及搭配直接影响着我们的生活质量。合理地安排电源、开关的数量及位置；根据不同空间选择灯具样式及灯光效果，可以让我们的生活更加舒适便利。

灯具

灯光在居室中的运用是必不可少的，既能为空间提供照明，又能营造出不同的光影效果。不同造型、色彩、材质、大小的灯具，都可以根据喜好及空间进行自由选择搭配。

落地灯、灯带、射灯的组合运用，让装饰画的存在感更强，充分展现了局部照明的特点。

〉灯光照明的设计原则

1. 美观性原则。灯光照明设计是装饰、美化环境与创造艺术氛围的一种重要手段。为了对空间进行装饰美化，增加空间层次感，渲染出对应的空间气氛，采用装饰照明十分重要。

2. 功能性原则。灯光照明设计需要符合功能性照明的要求，根据不同的场合、不同的空间、不同的照明对象选择不同的照明方式，并确保恰当的照度与亮度。

3. 安全性原则。灯光照明设计要符合相关的照明安全规范，达到绝对安全可靠。

4. 经济性原则。灯光照明设计时，不是灯具的数量越多越好，以亮度取胜，关键是合理设计。灯光照明设计的根本目的是满足人们视觉、生理和审美心理上的需要，使照明空间最大限度地体现实用性价值和美观性价值，并达到使用功能和审美功能的统一。

〉不同空间的灯具选择

1. 客厅

客厅最常使用吊灯或吸顶灯作为主要照明灯具,同时搭配落地灯或台灯来做辅助照明,主照明与辅助照明搭配运用,可以使整个空间更舒适、更柔和。

➤ 多头吊灯保证了空间的基本照明,灯带、射灯、台灯、壁灯等辅助光源,更进一步地渲染了整个客厅的气氛。

2. 餐厅

在餐厅安装吊灯,则建议使用带有灯罩的吊灯,尽量不要让灯泡外露,否则很容易因为灯泡刺眼而产生不适。

3. 卫浴间

卫浴间或厨房空间适合安装吸顶灯,因为吸顶灯的重量较轻,同时也能为空间提供充分照明。另外在卫浴间的灯具建议加装防潮灯罩,避免水汽入侵,以延长灯具的使用寿命。

➤ 明亮且富有创意的餐厅灯具,增强了空间的时尚感,也保证了用餐的明亮度。

🎓 常用灯具预览档案

分 类	特 点	种 类	应 用
吊灯	有单头吊灯和多头吊灯两种,通常情况下吊灯的底部离地面不小于2.2米	欧式烛台吊灯、中式吊灯、水晶吊灯、羊皮纸吊灯、五叉吊灯	客厅、餐厅及卧室
吸顶灯	安装方便,款式简洁	方形吸顶灯、圆形吸顶灯	可用于家居中任意空间
壁灯	局部照明兼装饰使用,灯泡安装高度离地面最好不要小于1.8米	双头壁灯、单头壁灯	根据造型运用于各种风格空间中
台灯	光线集中,无需安装	按材质分为陶灯、木灯、铁艺灯、铜灯;按功能分为护眼台灯、装饰台灯、工作台灯	装饰台灯多用于客厅、卧室等空间,书房多采用护眼台灯
落地灯	局部照明使用,光线可调,落地灯的灯罩下边缘应离地面1.8米以上	灯罩材质丰富,常见有金属、纸质、布艺等多种材质	通常用于沙发或床的两侧装饰使用
射灯	光线装饰效果好	可分为下照射灯、路轨射灯和冷光射灯	可安装在吊顶四周或展示柜上部
筒灯	装于吊顶内部,所有灯光都向下射,灯泡更换方便	按安装方式可分为嵌入式筒灯与明装式筒灯;按灯管安装方式分为螺旋灯头与插拔灯头、竖式筒灯与横式筒灯;按光源个数分为单插筒灯与双插筒灯	常用于吊顶周边的点缀或作为走廊中的主灯

开关

　　开关是日常生活中使用率最高的电料，每天都要按动数次，由于开关都是镶嵌在墙壁中，更换起来多少会对墙壁造成一些损伤，十分麻烦。因此在选择开关时，一定要选择质量好的开关。

〉开关的选购

　　1. 看外观材质。优质开关都是采用的PC料(又叫防弹胶)，看起来材质均匀，表面光洁有质感。

　　2. 看内部结构。开关通常用银合金或纯银做触点，银铜复合材料做导电桥。优质开关采用银镍合金触点，导电性强，耐磨耐高温，有效降低电弧强度，使开关寿命更长。

　　3. 看款式。目前最常见的开关是大跷板，大跷板开关最大程度地减少了手与面板缝隙的接触，能够预防意外触电。

〉不同用途的开关选择

　　要根据不同空间的特性来对开关进行适当的选择，如卫浴间、厨房内需要选择具有防水等级的开关，或者安装防水盒;在阳台、玄关等沙尘较大的空间中，应选择具有防尘等级的开关。如果电视、冰箱、空调、音响等大型家电放在同一房间，选择的墙壁开关应与这些电器的负载情况相匹配。另外，这些电器应分别使用独立开关控制，尽量不要使用同一开关，避免同时启动时峰值电流过高而烧损开关。

🎓 开关预览档案

分类		特点	应用
单控开关		为最常见的开关，可分为单控单联、单控双联、单控三联、单控四联等多种形式	单控单联开关控制一件电器，单控双联开关可以控制两件电器，以此类推
双控开关		两个开关同时控制一件或多件电器，根据所联电器的数量可分为双联单开、双联双开等形式	两个开关同时控制一件电器，方便开关电器

电线

电线是家庭装修中非常重要的基础建材,也是隐蔽工程的重要内容。电线的质量是否过关,直接关系到装修的效果和用电安全。因此,对电线的选择是绝对不能马虎的,如果选择的电线配置不合理或者是劣质的电线,巨大的安全隐患是可想而知的。

电线预览档案

分 类	规 格	参考价格
塑铜线、护套线、橡套线	电线常用截面面积有1.5平方毫米、2.5平方毫米、4平方毫米、10平方毫米。1平方毫米的电线最大可承受5~6A的电流	约15元/米

本书列出的价格仅供参考,实际售价请以市场现况为准

插座

插座可插入各种接线,便于与其他电路接通,是为家用电器提供电源接口的设备,也是电器设计中使用较多的电料附件,可以根据使用习惯来选择墙插座或地插座。

〉插座的选购

插座大多使用防弹胶等高级材料制成,防火性能、防潮性能、防撞击性能等都较高,表面光滑,选购时可以凭借手感初步判定插座的材质。好的插座面板表面无气泡、无划痕、无污迹,若表面不太光滑,摸起来有薄、脆感觉的产品则为次品。

插座预览档案

分 类	材 质	参考价格
使用位置不同可以分为墙面插座和地面插座	主材为PC料,又称防弹胶	约30元/个

本书列出的价格仅供参考,实际售价请以市场现况为准

实战应用案例

[极富创意的灯饰搭配]

客厅空间的硬装部分并没有进行过多的装饰，以简洁的直线条为主；吊灯与移动台灯的设计十分富有创意，与射灯和灯带的完美搭配，既保证了空间的基础照明，又渲染出富有层次感的光影效果。

[灯饰与家具的关联性]

客厅中利用明亮的吊灯打造出一个明亮而温馨的空间氛围；再加入射灯与壁灯，三款灯饰在空间中和谐搭配，吊灯的质感与色泽和饰品、家具相呼应，形成了巧妙的空间关联。

[透明灯罩的复古情怀]

卧室墙面的设计简洁却不失层次感、装饰画、彩色抱枕等元素，也使卧室整体氛围显得简洁而温馨；黑灯架搭配透明灯罩组成的吊灯为现代居室带入一份工业时代的复古情怀。

[新古典的精致品位]

米色调为主的卧室洋溢着温馨浪漫的氛围。吊灯以金属的框架搭配奶白色磨砂玻璃灯罩，十分富有轻古典主义的韵味；台灯的优美造型与床头柜、软包靠背床相搭配，延续了古典风格的精致与奢华。

第十一章　辅助建材

辅助建材的优劣直接影响着后期的装饰效果，同时也避免了各种安全隐患。一般家庭装饰中常用到的辅助材料有木工板、龙骨、填缝剂、收边条、踢脚线等。

细木工板

细木工板俗称大芯板、木芯板或木工板，是在两片单板中间胶压拼接木板而成。细木工板与刨花板和中密度纤维板相比更加环保，是室内装修和高档家具制作的较理想材料。

〉细木工板的特点

1.细木工板具有握钉力好、强度高、吸声、绝热等特点，其含水率为10%~13%，在普通家居装修中的用途比较广泛。

2.细木工板的稳定性强，但是不具备防潮功能，因此应尽量避免应用于厨卫的装饰。

〉细木工板的挑选

细木工板质量差异很大，在选购时要认真检查。首先看芯材质地是否密实，有无明显缝隙及腐朽变质的木条；再看周围有无补胶、补腻子的现象，这一般是为了弥补内部的裂痕或空洞所致；再就是用尖嘴器具敲击板材表面，听一下敲击同一木板不同部位的声音是否有很大差异，如果声音有变化，说明板材内部存在空洞。这些现象会使板材整体承重力减弱，长期的受力不均匀会使板材结构发生扭曲、变形，影响外观及使用效果。

🎓 细木工板预览档案

特　点	应　用	规格尺寸	参考价格
自身重量较轻，易加工，握钉力好，不易变形	可用于墙面造型以及家具、门窗的基层制作	长2440毫米、宽1220毫米，厚度有15毫米、17毫米、18毫米	150~320元/张

本书列出的价格仅供参考，实际售价请以市场现况为准

龙骨架

龙骨架是用来支撑造型、固定结构的一种构造材料，是装修结构的骨架和基材。在一般家庭装修中最常见的有吊顶龙骨、地板龙骨或造型墙龙骨，其材质有木龙骨和钢龙骨两种。

〉木龙骨的选择要点

1. 新鲜的木龙骨略带红色，纹理清晰，如果其色彩呈现暗黄色且无光泽，则说明是朽木。

2. 看所选木方横切面的规格是否符合要求，头尾是否光滑均匀，不能大小不一。同时木龙骨必须平直，不平直的木龙骨容易引起结构变形。

3. 要选木疤节较少、较小的木龙骨，如果木疤节大且多，螺钉、钉子在木疤节处会拧不进去或者钉断木方，容易导致结构不牢固。

4. 要选择密度大的木龙骨，可以用手指甲抠抠看，好的木龙骨不会有明显的痕迹。

› 如何避免龙骨松动

在安装龙骨的时候, 应注意小龙骨连接长向龙骨和吊杆时, 接头处的钉子不能少于两颗, 同时要配合使用强力乳胶液进行粘接, 达到提高连接强度的作用, 从而可以有效地避免龙骨松动。

🎓 龙骨预览档案

分 类		材质特点	应 用	参考价格
轻钢龙骨		以优质的连续热镀锌板带为原材料, 经冷弯工艺轧制而成; 安全、坚固、美观, 重量轻、强度高	多用来制作顶面基层框架或隔断的造型框架	30~100元/米 (国产)
木龙骨		由松木、椴木、杉木等树木加工成截面为长方形或正方形的木条; 价格便宜、宜施工、重量轻, 缺点是不防火	可作为吊顶和隔墙龙骨, 也可作为地板龙骨	50~120元/米 (进口)

本书列出的价格仅供参考, 实际售价请以市场现况为准

顶角线

顶角线也称为阴角线，是指向内凹进的角，墙面和顶棚材质或颜色不同时，会有一条明显的交界线，阴角线是为了掩盖这个边界用的。根据室内不同风格选择木质顶角线或石膏顶角线等，同时也起到装饰作用。

〉顶角线的作用

顶角线的款式多种多样，常见的有雕花造型、错层造型、圆角造型等。在取材上有PVC（聚氯乙烯）、石膏、木质等，不同造型与材质的顶角线经过刷漆、喷漆或粉刷乳胶漆等工艺处理后，装饰效果更加美观，大大提升了空间的层次感。

实木顶角线的运用，让顶面石膏板与墙面软包的衔接更加自然。

〉顶角线的选择

　　顶角线的宽度有多种选择，一般在5~30厘米。可以根据室内的面积来确定宽度，面积大的空间可以搭配宽一些的款式比较协调，造型上可以选择雕花或错层造型的顶角线；而面积小的空间则建议采用窄一些的线条作为装饰，款式上也应以简洁大方为主。

🎓 顶角线预览档案

分 类		特 点	材 质	参考价格
石膏顶角线		造型多变，有浮雕形、圆角形、错层等多种造型，质轻，防火，耐潮	防潮石膏	40~100元/米（国产）
实木顶角线		装饰效果好、绿色环保，常见有圆角形、错层以及浮雕造型	天然木材	60~120元/米（进口）

本书列出的价格仅供参考，实际售价请以市场现况为准

收边条

收边条的应用十分广泛，不同材质的地面、墙面，加入收边条可加强两侧平贴面的稳定性。在选择时需要注意收边条材质与地、墙材质的颜色差异，避免搭配上的不协调。

收边条让卧室墙面的装饰在细节上更加完美，更有层次感。

🎓 收边条预览档案

分　类		特　点	应　用	参考价格
PVC（聚氯乙烯）收边条		色彩丰富，可选颜色较多，材质较软	适用于玻化砖或抛光砖	80元/条(2.4米)
塑钢收边条		花纹、色泽款式多，塑钢收边条比较软，不适合用于地面	更适用于墙面修饰	40元/条(2.4米)
不锈钢收边条		使用方便，装饰效果好，硬度高	适用于现代风格家居装饰	130元/条(2.4米)

本书列出的价格仅供参考，实际售价请以市场现况为准

填缝剂

填缝剂有耐磨、防水、防油、不沾脏污等突出特点。它可以有效解决瓷砖缝隙脏、黑、难清洗的难题，避免缝隙变黑、变脏，防止细菌危害人体健康。

› 填缝剂的色彩与材质

填缝剂的种类十分丰富，目前市场上有水泥、硅胶、水泥加乳胶、环氧树脂四类。可以根据实际的施工需求进行选择。一般市场上的填缝剂有水泥色、白色、咖啡色、黑色等，此外，用来修饰墙面的填缝剂还可以添加金、银粉，以使瓷砖与缝隙的颜色更加统一。

› 填缝剂的选购

在购买填缝剂时，应确认填缝剂的包装是否完整，避免买到过期或受潮的材料。砖体填缝工程所需工时非常短，修改非常困难，所以应在购买时先确认颜色，再进行施工，如果条件允许，可以将所要填缝的材料样品贴在木板上，来查看填缝剂的实际效果。

〉填缝剂的施工

填缝剂的施工十分便利，可自行操作，使用填缝剂最适当的时间是在贴好瓷砖或地砖48小时后。施工前，应先将砖缝中的砂砾清除干净，以免脱落或出现凹凸不平的现象。施工时也要注意做好通风与除湿工作，从而避免填缝剂色泽不均。

🎓 填缝剂预览档案

	材 质	应 用	参考价格
	主要材料为水泥、硅胶、水泥加乳胶、环氧树脂等	填补、美化砖体之间的缝隙，起到防污、防霉、防水的作用，施工简单	40~80元/千克

本书列出的价格仅供参考，实际售价请以市场现况为准

踢脚线

在居室设计中，踢脚线、阴角线、腰线三者起着视觉的平衡作用，利用它们的线形感觉及材质、色彩等在室内相互呼应，可以起到较好的装饰效果。

砖石类装饰的地面，最好选用人造石踢脚线，方便施工的同时，视感也更统一。

〉踢脚线的作用

踢脚线可以更好地使墙体和地面之间结合牢固，减少墙体变形，避免外力碰撞造成破坏。此外，踢脚线也比较容易擦洗，如果拖地不小心溅上脏水，擦洗非常方便。踢脚线除了可以保护墙面外，在家居美观的比重上也占有相当比例。

›踢脚线与地砖的搭配

目前常用的踢脚线按材质主要分为:陶瓷踢脚线、玻璃踢脚线、石材踢脚线、木质踢脚线、PVC踢脚线等。如果选择陶瓷材质的踢脚线,一般建议以和地砖材质一样的踢脚线为宜,如果地面选择的是仿古砖的话,可以考虑釉面的踢脚线;如果地面选择的是玻化砖,可以考虑玻化砖踢脚线。

踢脚线的颜色可以选择与地板反差较大的色彩,以丰富地面装饰的效果。

›踢脚线的颜色选择

对于踢脚线的颜色选择,主要有两种方式:一种是接近法,一种是反差法。接近法就是所选择踢脚线的颜色和地面颜色一致或者接近;反差法就是所选择的踢脚线的颜色和地面的颜色形成反差。对于浅色的地砖,不建议选择浅色的踢脚线,可以选择中性的咖啡色的踢脚线。此外,踢脚线的颜色还可以选用与门套相同或接近的颜色,以强调空间的整体感。

🎓 踢脚线预览档案

分 类	材 质	特 点	参考价格
木质踢脚线	有实木和密度板两种材质，实木价格稍高	装饰效果好，色彩纹理丰富	40~100元/条（国产）
人造石踢脚线	人造石踢脚线的原料主要是天然石粉、聚酯树脂、颜料和氢氧化铝	装饰效果好，色彩纹理丰富	60~120元/条（进口）
玻璃踢脚线	以玻璃为主材料，经切割、精细打磨，表面喷涂优质的进口纳米材料	具有晶莹剔透的特性，装饰效果好，缺点是易碎	40~80元/条（国产）

本书列出的价格仅供参考，实际售价请以市场现况为准